医学专家聊健康热点（复旦大健康科普）丛书

总策划　复旦大学医学科普研究所
总主编　樊　嘉　院士　　董　健　所长

超声专家
聊健康热点

徐辉雄　丁　红　任芸芸
（主　编）

上海科学技术文献出版社
Shanghai Scientific and Technological Literature Press

图书在版编目（CIP）数据

超声专家聊健康热点/徐辉雄，丁红，任芸芸主编. —上海：上海科学技术文献出版社，2024
（医学专家聊健康热点. 复旦大健康科普丛书/樊嘉，董健主编）
ISBN 978-7-5439-9062-3

Ⅰ.①超… Ⅱ.①徐…②丁…③任… Ⅲ.①超声检测 Ⅳ.①TB553

中国国家版本馆CIP数据核字（2024）第075329号

书稿统筹：张　树
责任编辑：苏密娅
封面设计：留白文化
插画作者：王怡婷

超声专家聊健康热点
CHAOSHENG ZHUANJIA LIAO JIANKANG REDIAN
徐辉雄　丁　红　任芸芸　主编
出版发行：上海科学技术文献出版社
地　　址：上海市淮海中路1329号4楼
邮政编码：200031
经　　销：全国新华书店
印　　刷：商务印书馆上海印刷有限公司
开　　本：720mm×1000mm　1/16
印　　张：22
字　　数：274 000
版　　次：2024年8月第1版　2024年8月第1次印刷
书　　号：ISBN 978-7-5439-9062-3
定　　价：88.00元
http://www.sstlp.com

丛书编委会

总主编：樊　嘉（中国科学院院士、复旦大学附属中山医院院长）

　　　　　董　健（复旦大学医学科普研究所所长、复旦大学附属中山医院骨科主任）

编委会委员（按姓氏笔画排序）：

丁　红	王　艺	毛　颖	仓　静	李　娟	杨　震	吴　炅
吴　毅	汪　昕	张　颖	陈　华	林　红	周　俭	姜　红
洪　维	徐　虹	高　键	虞　莹	丁小强	马晓生	王小钦
王达辉	王春生	亓发芝	任芸芸	华克勤	刘天舒	刘景芳
江孙芳	孙建琴	孙益红	李小英	李益明	余优成	沈锡中
宋元林	陈海泉	季建林	周平红	周行涛	郑拥军	项蕾红
施国伟	顾建英	钱菊英	徐辉雄	郭剑明	阎作勤	梁晓华
程蕾蕾	臧荣余	漆祎鸣	谭黎杰			

本书编委会

名誉主编：王文平　常　才

主　　编：徐辉雄　丁　红　任芸芸

副 主 编：韩　红　陈　林　孙颖华　周世崇

编　　者（按姓氏笔画排序）：

王　宇	王　芬	王　希	王　涌	王　博	王　攀	毛　枫
方　靓	方　超	乐　坚	朱　晨	刘　芮	江　慧	许　萍
李　梦	张　同	张　迅	张　源	张　霞	陆　清	陈　坤
陈　莉	陈　琦	邵　洁	周　瑾	赵　洋	胡　滨	祝　蕾
徐　彬	殷　博	曹　丽	梁　婷	程　怿	谢　娟	詹　嘉
蔡　琪	刁雪红	王丽璠	王栋华	王树松	王彦和	王意达
邢雨蒙	邢晋放	吕仁华	朱宇莉	乔晓慧	刘丹茹	刘迎春
刘源鑫	羊馨玥	孙逸康	严丽霞	苏岳霖	李一鸣	李亚男
李佳伟	李翠仙	时兆婷	吴淑道	吴婷婷	何丽莉	张广超
张伟红	张志华	张郁妍	张炜彬	张音佳	张慧群	陆蓓蕾
陈凯玲	苗爱雨	范培丽	具钊汝	季正标	金佳美	周秀玲
周泊阳	项金莲	赵凡桂	赵宜凡	赵崇克	胡文洁	弭琦伟
秦小娇	袁海霞	夏罕生	顾姝嫣	柴启亮	徐文涵	徐本华
徐圣佳	徐国辉	高文会	高燕燕	郭语清	陶子瑜	黄备建
黄晓微	董彩虹	智文祥	程广文	裘之瑛	蔡叶华	漆玖玲
薛立云	戴紫惠	魏珊红				

总序

上海医学院创建于1927年,是中国人创办的第一所"国立"大学医学院,颜福庆出任首任院长。颜福庆院长是著名的公共卫生专家,还是中华医学会的创始人之一,他在《中华医学会宣言书》中指出,医学会的宗旨之一,就是"普及医学卫生"。上海医学院为中国医务界培养了一大批栋梁之材,1952年更名为上海第一医学院。1956年,国家评定了首批,也是唯一一批一级教授,上海第一医学院入选了16人,仅次于北京大学,在全国医学院校中也是绝无仅有。1985年医学院更名为上海医科大学。2000年,复旦大学与上海医科大学合并组建成复旦大学上海医学院。历史的变迁,没有阻断"上医"人"普及医学卫生"的理念和精神,各家附属医院身体力行,努力打造健康科普文化,形成了很多各具特色的科普品牌。

随着社会的发展,生活方式的改变,传统的医疗模式也逐渐向"防、治、养"模式转变。2016年,习近平主席在全国卫生与健康大会上强调"要倡导健康文明的生活方式,树立大卫生、大健康的观念,把以治病为中心转变为以人民健康为中心"。自此,大健康的概念在中国普及。所谓"大健康",就是围绕人的衣食住行、生老病死,对生命实施全程、全面、全要素地呵护,是既追求个体生理、身体健康,也追求心理、精神等各方面健康的过程。"大健康"比

"健康"的范畴更加广泛，更加强调全局性和全周期性，需要大众与医学工作者一起参与到自身的健康管理中来。党的二十大报告提出"加强国家科普能力建设"，推进"健康中国"建设，"把人民健康放在优先发展的战略地位"，而"健康中国"建设离不开全民健康素养的提升。《人民日报》发文指出，医生应把健康教育与治病救人摆在同样重要的位置。健康科普的必要性不言而喻，新时期的医生应该是"一岗双责"，一边做医疗业务，同时也要做健康教育，将正确的防病治病理念和健康教育传播给社会公众。

为此，2018年12月26日，国内首个医学科普研究所——复旦大学医学科普研究所在复旦大学附属中山医院成立。该研究所由国家科技进步二等奖获得者董健教授任所长，联合复旦大学各附属医院、基础医学院、公共卫生学院、新闻学院等搭建了我国医学科普的专业研究平台，整合医学、传媒等各界智慧与资源，进行医学科普创作、学术研究，并进行医学科普学术咨询和提交政策建议、制定相关行业规范，及时发布权威医学信息，打假网络医学健康"毒鸡汤"，改变网络上的医疗和健康信息鱼龙混杂让老百姓无所适从的状况，切实满足人民群众对医学健康知识的需求，这无疑是对"上医精神"的良好传承。

为了贯彻执行"大健康"理念和建设"健康中国"，由复旦大学医学科普研究所牵头发起，组织复旦大学上海医学院各大附属医院的专家按身体系统和"大专科"的分类编写了这套"医学专家聊健康热点（复旦大健康科普）丛书"，打破了以往按某一专科为核心的科普书籍编写模式。比如，将神经、心脏、胃肠消化、呼吸系统的科普内容整合，不再细分内外科，还增加了肿瘤防治、皮肤美容等时下大众关注的热门健康知识。本丛书共有18本分册，基本涵盖了衣食住行、生老病死等全生命周期健康科普知识，也关注心理和精神等方面的健康。每个分册的主编均为复旦大学各附属医院著名教授,都是各专业的领军人物,从而保证了内容的权威性和科学性。

丛书中每个小标题即是一个大众关心的医学话题或者小知识,这些内容精选于近年来在复旦大学医学科普研究所、各附属医院自媒体平台上发表的推文,标题和内容都经过反复斟酌讨论,力求简单易懂,兼具科学性和趣味性,希望能向大众传达全面、准确的健康科普知识,提高大众科学素养和健康水平,助力"健康中国"行动。

樊嘉
中国科学院院士
复旦大学附属中山医院院长

董健
复旦大学医学科普研究所所长
复旦大学附属中山医院骨科主任

前言

如果问百姓们最常见的影像学检查是什么?答案一定是——超声。超声检查作为一种无辐射、安全、准确、性价比高、便捷的影像学诊断工具,从健康体检到门诊看病、住院治疗,都离不开它。超声检查本质上是一种可视化的工具,能透过体表,实时、直观地再现人体内部的奥秘。它可以被理解为赋予临床各科医生一双"慧眼",能让人体各脏器和组织的正常或病理状态活灵活现、栩栩如生地展现在医生眼前。因此,超声在疾病诊断和治疗中往往发挥着"探路先锋"和"精准导航"的重要作用,成为精准医学时代不可替代的检测手段。随着超声仪器设备和成像手段的进步,超声适用的检查部位和项目也越来越多,它的出现甚至改变了很多疾病的诊疗方式。

由于医学知识具有非常强的专业性,患者在超声检查过程中往往会有很多问题及困惑,而超声医生又因为工作繁忙和时间有限难以一一细致解答。虽然在信息化时代,患者也可通过多种渠道去查阅这些知识,但在纷繁复杂、多如牛毛、碎片化的信息中筛选出准确可信的答案,也是一件耗时耗力的工作。为此,我们特地推出了这本书——《超声专家聊健康热点》,从大众的视角,让专业人士以通俗易懂的语言来科普超声知识,帮助大家更好地了解超声检查,理解其在健康管理和疾病诊疗中的作用。

本书由复旦大学附属中山医院、华山医院、妇产科医院等十一所医院的众多资深超声医学专家及临床一线超声工作者共同编写而成,内容涵盖超声基础、腹部超声、浅表器官超声、妇产科超声、肌肉骨骼超声、血管超声、介入超声及儿科超声等一百多个知识点，生动有趣地阐述了超声成像原理、技术、各种常见疾病的超声表现及临床价值等。编者希望通过对这些大众特别关心的健康热点问题深入解析，帮助读者更好地理解超声在疾病诊治中的价值。

编者在写作过程中，不仅结合了个人丰富的临床工作经验及大量超声病例，还查阅参考了很多专业文献以及最新的医学研究成果，以确保内容的准确性和科学性。同时，本书也有较高的实用价值，读者阅读本书，不仅可以了解超声检查的应用场景，学会如何看懂超声报告；在科普文章的末尾，还可读到专家对该疾病超声诊治重要的推荐意见。为了便于缺乏医学背景知识的普通读者也能轻松地理解本书的内容，编者在书稿中不仅配备了超声和临床真实病例图像，还绘制了大量有趣的卡通示意图，力求使本书图文并茂、通俗易懂。

希望如全体编者所期望那样，集科学性、实用性、普及性和趣味性于一体的《超声专家聊健康热点》，能够成为社会大众了解疾病和超声应用的窗口。编者们也期望广大读者通过阅览本书，不仅能够丰富自己的医学知识，还能够学会运用这些知识来提升和管理个人和家庭的健康。

敬请您翻阅本书，也相信您定能受益于本书。

徐辉雄

复旦大学超声医学与工程研究所所长

上海超声诊疗工程技术研究中心主任

复旦大学附属中山医院超声科主任

丁红

上海生物医学工程学会理事

复旦大学附属华山医院超声医学科主任

任芸芸

复旦大学附属妇产科医院超声科主任

2024 年 5 月

目录

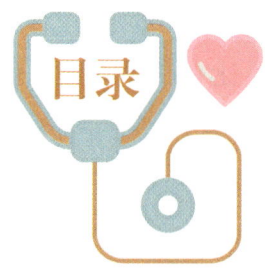

总序 ··· 1
前言 ··· 1

超声基础知识

超声种类 ··· 2
  彩超就是彩色的"B超"吗？ ·· 2
  超声造影造个啥？小泡泡大作用 ······································ 5
  弹弹弹，弹出肝"硬"度 ·· 9
  脂肪肝严重不严重，超声新技术来回答 ······························ 12
  三维、四维超声比灰阶、彩超更清楚吗？ ···························· 14
  腹超？阴超？肛超？怀孕时能做吗？ ································ 17

超声检查相关知识 ·· 20
  B超检查前把宝宝哄睡能代替镇静吗？ ······························ 20
  宝宝昨天才生出来，今天就能做超声检查了吗？ ···················· 23
  "空腹"让您的超声检查不白做！ ··································· 26
  超声检查中"憋尿"那些事儿，原来门道还挺多 ···················· 28
  超声医生的秘密武器——"浆糊"的前世今生 ······················ 31
  超声诊室里"一探究竟" ·· 34

1

腹部超声热点问题

肝脏超声 ·· 38
    注意你的肝脏，不要让它硬化了哦 ····························· 38
    莫把脂肪肝不当病 ·· 41
    慢性乙肝患者为什么3~6个月就需要检查一次肝脾彩超呢？··· 45
    职场人，请呵护你的肝 ·· 48
    体检发现肝脏结节长大了，要不要马上做手术？············ 51
    发现肝血管瘤该怎么办？莫慌！三招教你如何应对 ········ 54
    小心肝的"隐形杀手"——肝癌 ································ 56
    诊治转移性肝癌，超声也"大有作用"························ 58
    换了"新"肝，还需超声保驾护航 ···························· 61

胆胰脾超声 ·· 64
    胆大切莫妄为，以免乐极生悲 ·································· 64
    胆囊里面长息肉危险吗？··· 67
    解密癌中之王，超声"胰"探究竟 ···························· 70
    胃疼吃药不管用？小心胆囊结石作怪 ························· 73
    "脾肿大"是怎么回事？··· 76

泌尿器官超声 ·· 79
    出现血尿怎么办？超声帮您揪出"真凶"····················· 79
    痛风患者为什么要进行肾脏超声检查呢？····················· 84
    体检发现前列腺钙化灶，会是前列腺癌吗？·················· 86
    男性为什么上了年纪会起夜？··································· 89
    老年女性也会有"前列腺病"吗？——老年女性膀胱颈梗阻··· 91

其他腹部超声 ·· 94
    胃，你好吗？胃超声来为你解答 ······························· 94
    老年人肚子"隐痛"？当心阑尾在作乱 ························ 97

腹大如鼓，小心"后院"失了火 ················ 100

肌肉骨骼热点问题

上肢检查 ··· 104
    不打网球，怎么得了"网球肘"？ ·················· 104
    手僵手疼手变形，关节超声探究竟 ················ 106
    频繁刷手机，为何手腕痛？ ························ 108
    肩膀痛：总让肩周炎当"背锅侠"？ ·············· 111

下肢检查 ··· 113
    超声揭秘小腿痛 ····································· 113
    老年人走不动，当心肌少症 ························ 116
    无法脚踏实地，是不是患了足底筋膜炎？ ········ 118
    为什么会习惯性崴脚？ ····························· 121
    痛风发作把你找，肌骨超声早知道 ·············· 125
    跟腱很粗，跟腱很脆 ································ 128

浅表超声热点问题

甲状腺超声 ·· 132
    超声说的桥本氏甲状腺炎是炎症吗？ ············ 132
    甲状腺结节，你怕了吗？ ·························· 135
    超声检查中什么样的甲状腺结节要怀疑是恶性的？ ···· 138
    教你读懂甲状腺超声报告——TI-RADS 分类 ······ 141
    甲状腺上的纸老虎——聊聊"唬"人的皱缩结节 ···· 144

乳腺超声 ··· 147
    一棵开花的树——乳腺增生 ······················· 147
    教你如何解读乳腺超声报告的 BI-RADS 分类 ···· 150
    乳腺体检应该做超声还是钼靶？ ·················· 153

其他软组织··156
    超声还能帮助诊断皮肤病？····························156
    皮肤出现小粉瘤，它是什么？··························159
    颈部摸到肿大淋巴结，是淋巴瘤吗？····················162
    时隐时现的下腹部包块是什么？························164
    手指剧痛难忍是为何？································167

血管超声热点问题

颈部血管··172
    有颈动脉斑块一定会脑梗死吗？························172
    管中窥"爆"，可见一"斑"——颈动脉超声报告怎么看？···175
    藏在血管里的"盗血贼"································177

胸腹部血管··180
    老年人肚子痛，当心腹主动脉瘤························180
    假亦假，瘤非瘤，假性动脉瘤··························182
    心脏里的扑克牌——"黑桃"····························184
    突发撕裂样胸痛，警惕主动脉夹层······················187

四肢血管··190
    走一会儿路就腿痛，小心下肢闭塞性动脉硬化症··········190
    久站久坐，当心下肢静脉曲张··························192
    长期卧床不活动，小心下肢深静脉血栓找上门············195
    血透"生命线"维护——超声来帮忙······················198
    知"足"常乐——糖尿病患者要警惕糖尿病足············201

介入超声热点问题

置管引流··204
    一根导管解救"小黄人"——超声引导胆管置管引流术·········204

不吃药，不开刀，"一针不见血"治愈巨大肝囊肿 …………… 207
　　引流术后，我该如何与它朝夕相处？ ………………………… 210
穿刺活检 ………………………………………………………………… 212
　　什么是超声引导下甲状腺结节细针穿刺活检？ ……………… 212
　　为什么有时候医生会要求对乳腺肿块做活检？ ……………… 216
介入治疗 ………………………………………………………………… 219
　　神奇的甲状腺结节消融术 ……………………………………… 219
　　反复骨折和肾结石，没想到元凶在脖子，一针微创解决它 … 221
　　肝脏恶性肿瘤，除了手术切除，还可以用一根细针灭活肿瘤 … 223
　　脓肿及时治，介入超声帮助您 ………………………………… 225
　　神经卡压，超声微创来解忧 …………………………………… 229
　　双管齐下，针到病除：一种治疗子宫腺肌病的新技术来啦 … 234
　　得了巧克力囊肿不用急，介入超声为你排忧解难 …………… 237

妇产科超声热点问题

超声助孕 ………………………………………………………………… 242
　　学会测排卵，助力行好"孕" …………………………………… 242
　　警惕异位妊娠，超声助好"孕" ………………………………… 246
　　宫腔里有堵墙，还能受孕吗？ ………………………………… 249
　　剖宫产后，子宫里多了个"小房间" …………………………… 252
　　生完就会"松"，大笑就会"尿"，你的盆底还好吗？ ………… 255
　　宝妈产后"大肚腩"正常吗？ …………………………………… 259
异常妊娠 ………………………………………………………………… 263
　　人家怀的是小孩，为啥我怀的是葡萄？ ……………………… 263
　　大排畸都是好的，宝宝就一切都好吗？ ……………………… 267
　　双胎大小不一致，要紧吗？ …………………………………… 270
　　有了无创 DNA，NT 还要做吗？ ……………………………… 273

危险！侵蚀子宫肌层的"杀手"——警惕胎盘植入 …………276
宝宝心脏上有个洞，危险吗？……………………………280

妇科病变……………………………………………………283

超声发现卵巢长了肿块，哪些是"癌"信号？……………283
我是不是卵巢功能早衰了？看超声如何监测卵巢功能……286
长不大的小泡泡——带你了解多囊卵巢综合征…………289
宫腔有占位，就是内膜癌吗？……………………………293
体检发现子宫肌瘤，我该怎么办？………………………296
不识痛经真面目，只因"膜"在肌层中——子宫腺肌病……299

儿科超声热点问题

头颈超声……………………………………………………304

宝宝皮肤血管瘤，超声帮你来探查………………………304
颈部有肿块，超声来相助…………………………………306
囟囟小脑袋，超声大世界…………………………………308
不一样的卖萌——"歪头杀"……………………………310

胸腹部超声…………………………………………………313

宝宝听诊心脏有杂音，超声侦探帮您忙…………………313
"痛定思痛"——孩子肚子痛，超声检查能发现啥？……316
宝宝屁股不对称，超声检查探究竟………………………319

肌骨超声……………………………………………………322

孩子腿痛惹人忧，超声清晰显病因………………………322
小朋友长得高是好事吗？…………………………………324

生殖系统超声………………………………………………327

小"蛋蛋"迷路怎么办？超声检查很重要………………327
"蛋蛋"的忧伤……………………………………………329
男孩也有难言之隐，超声帮你一锤定音…………………332

No. 1656808

处方笺

超声基础知识

医师：_____

临床名医的心血之作……

超声种类

彩超就是彩色的"B超"吗?

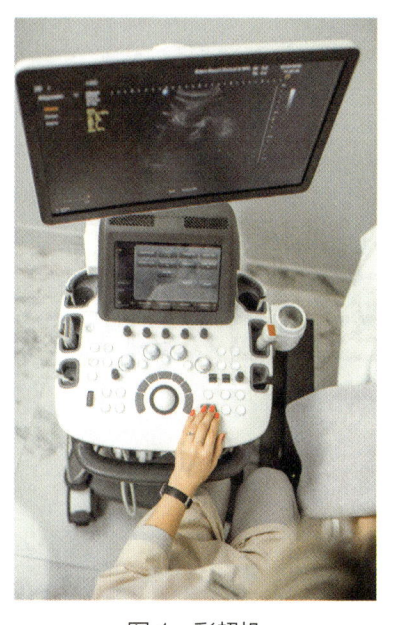

图1 彩超机

65岁的钱阿姨自从退休之后一直帮忙带孙子,虽然辛苦,但也很快乐。钱阿姨患有高血压,一直规律服用降压药,血压控制得很不错。但是最近隔三岔五总感觉头晕,在体位变动时尤其明显,于是钱阿姨看了神经内科门诊,神经内科医生建议钱阿姨做个彩超看看颈动脉的情况,便给钱阿姨开了"颈动脉超声"检查。钱阿姨拿着申请单到了指定地点后,看着偌大的"超声科"三个字愣了一下,于是问道:"护士啊,神经内科医生让我来做彩超,你们这是做B超还是做彩超的啊?"得到答案后,钱阿姨进入诊室进行检查。检查刚开始,钱阿姨又不解地问检查医生:"医生啊,不是彩超吗?怎么是黑白的啊?"检查医生按了键盘上的一个神奇的按钮,屏幕上顿时出现了红蓝相间的信号,钱阿姨这才很安静地躺下了。做完检查,得知颈动脉正常之后,开心地离开了

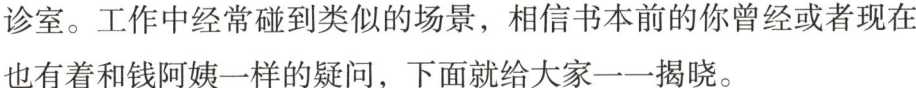

诊室。工作中经常碰到类似的场景，相信书本前的你曾经或者现在也有着和钱阿姨一样的疑问，下面就给大家一一揭晓。

B超和彩超有什么区别？

平时看病过程中，医生建议做个B超，其实是用"B型超声诊断仪"，也就是大家常说的"B超机"做检查的意思。B来源于英文单词"亮度"（brightness）的首个字母。医生建议做个"彩超"，其实意思是用"彩色多普勒超声诊断仪"，也就是大家常说的"彩超机"做检查的意思。那到底什么是"B超机"、什么是"彩超机"呢？"B超机"是指使用"B型超声"功能的一种检查设备，诞生于20世纪70年代，能显示脏器和病变的形态结构。"彩超机"是同时使用了"B型超声和彩色多普勒超声"这两种功能的检查设备，诞生于20世纪80年代中期，不仅可显示脏器和病变的形态结构，而且能显示脏器和病变的血流动力学，将超声诊断技术的水平向前又推进了一步。国内目前广泛使用的是彩超仪器，单独使用B超检查的设备已基本被淘汰。

彩超是彩色的吗？

如前所述，彩超机其实是搭载了"B型超声"和"彩色多普勒超声"这两种功能的检查设备。B型超声为二维灰阶超声，它是以不同的亮度显示人体不同器官及组织的解剖结构，图像是黑、白、灰三种颜色；彩色多普勒超声（Color Doppler Ultrasound）可分为脉冲式多普勒、连续式多普勒、高脉冲重复频率式多普勒、多点选通式多普勒以及彩色多普勒血流成像五种，主要用来显示脏器或者病灶的血流情况，其中彩色多普勒血流成像（Color Doppler Flow Imaging）和脉冲式多普勒（Pulsed Wave Doppler）最为常用，缩写分别是CDFI和PW，图像是在黑、白、灰的基础上附加了血流信号，有血流的地方主要用红、蓝来显示。

下面以钱阿姨做的颈动脉超声检查为例简单介绍一下超声科医生给患者做彩超检查的流程：①首先医生会启动彩超机的"B型超声"功能，观察血管的管腔、管壁、走行等，图像是"黑白"的（图2）；②接着启动彩超机的"彩色多普勒血流成像"功能，用CDFI（还记得钱阿姨的故事中医生按下的神奇按钮吗？）观察血管的血流情况，用PW测量相关的血流动力学指标，直接或间接地反映当下血管及其近端、远端血管的血流情况（图3）。

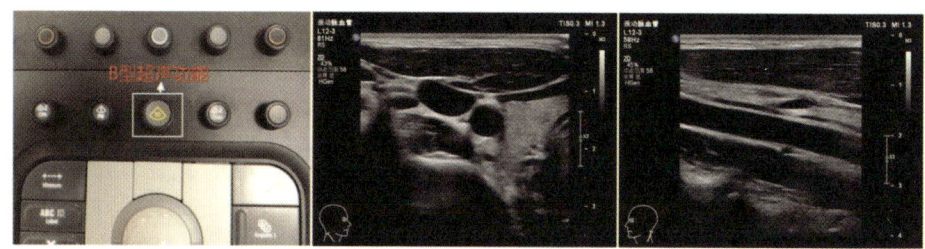

图2　B型超声按钮及灰阶超声图像

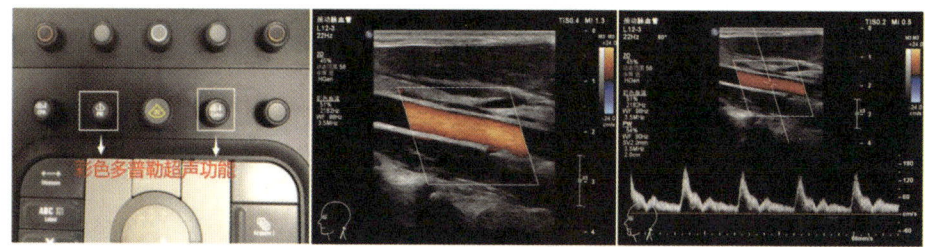

图3　彩超按钮及彩色多普勒及脉冲多普勒图像

最后，问题来了，您还觉得彩超是彩色的B超吗？

（严丽霞）

超声造影造个啥？小泡泡大作用

小美犹如五雷轰顶，脑子一片空白。怎么会这样呢？自己还这么年轻！因为备孕需要才来医院检查一下身体，没想到竟然查出了问题，刚才超声检查医生说自己的肝脏里有个肿瘤，需要进一步检查。肝脏肿瘤！太可怕了。突然联想起最近确实胃口不好，上腹部还偶尔会隐隐作痛，小美越想越怕，一下子把自己代入了电视剧中的悲惨女主角。医生看出了小美脸上的慌张，温柔地说："不用紧张，现在只是看到有个东西，还不能确定良性恶性哦，可能是个良性的，做个超声造影检查判断一下吧。"小美说："医生，我以前做CT有过造影剂过敏，而且正在备孕，这个超声造影我能做吗？会有伤害吗？"小美对于医生推荐的超声造影有很多担心，这个检查安全吗？有必要吗？

什么是超声造影？

超声造影是在常规超声的基础上，通过注射超声造影剂，观察感兴趣区域（病灶或组织器官）内部血流灌注情况，从而为疾病的诊断提供更多信息。和增强CT、增强MRI类似，超声造影也可以叫作"增强"超声。

目前临床上最常用的超声造影剂由微气泡组成，微气泡的内部是惰性气体六氟化硫，外层由磷脂膜包裹。微气泡平均直径在 2.5 微米，比红细胞还小，因此造影剂可以在血管内流动而不产生空气栓塞。同时由于其直径大于血管内皮间隙，因此是一种全血池造影剂，也就是说造影剂不会流入血管腔之外的地方。

为什么要做超声造影？

一般而言，良性肿瘤和恶性肿瘤内部的血管生长方式和分布不同，表现为不一样的血流灌注特点。常规超声受技术限制，无法详细观察感兴趣区域内血流进入和流出的动态变化过程，对于微小血管、流速缓慢或较深区域的血流往往检测困难。超声造影技术可以有效地解决这个问题。注射进入血管内的超声造影剂微气泡随着血液流动进入到各级微血管中，因此超声造影可以清晰地显示肿瘤内部的血流灌注和廓清的动态变化，从而判断肿瘤的良恶性。

超声造影的应用及优势有哪些？

超声造影有血管示踪和对比显像的作用，可应用于实体肿瘤的诊断、鉴别诊断及脏器功能评价；肿瘤消融治疗的术前、术中定位和引导；肿瘤消融、化疗、靶向及免疫等治疗后疗效评估；心脏疾病诊断；血管评估；还有非血管途径的应用：如判断胃肠道、胆道和输卵管等腔道是否通畅、狭窄程度等。以肿瘤消融治疗后举例：许多肿瘤在消融治疗之后，常规灰阶超声、彩色及能量多普勒超声对凝固坏死范围的判断较为困难，但是超声造影检查可明确坏死的范围及发现残存肿瘤，评价疗效完全不亚于增强 CT/MRI。

超声造影可以实时动态观察到病灶血流灌注的连续动态过程，检查方便快速，短时间内可重复多次检查，是一种非常有优势的增强检查技术。

超声造影的安全性如何？

超声造影总体来说非常安全。超声造影剂微气泡中的气体可以通过肺循环，十几分钟后随呼吸排出体外。外层的磷脂成分参与体内正常脂类代谢，对身体无毒无害。在既往的使用中，有极少数（小于千分之一）接受检查的患者在造影剂注射后会发生轻微不良反应，如皮肤红斑，面红潮热，偶有患者喉头水肿、发生过敏性休克的报道。因为造影剂的成分不一样，对于有CT或者MRI造影剂过敏史的患者，在必要时也可以使用超声造影检查。

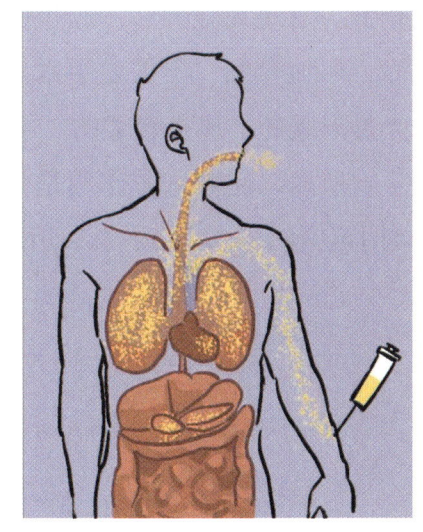

图4 造影剂经过呼吸代谢，无肝肾毒性

实际上有以下几种情况的患者更适合进行超声增强检查：①肝肾功能不全的患者；②对碘或者钆过敏的患者；③幽闭恐惧症的患者；④无法移动的患者；⑤无法保持静止、无法屏气等不能配合检查者；⑥儿科患者，可避免电离辐射。

什么情况下不能做超声造影？

以下几种情况下不能做增强检查：①已知对六氟化硫、鸡蛋或造影剂其他组分有过敏史的患者；②近期有急性冠脉综合征或临床不稳定性缺血性心脏病的患者；③严重发绀且心内分流量较大的患者；④患重度肺动脉高压或成人呼吸窘迫综合征的患者；⑤妊娠或哺乳期的女性。如无特别必要，有以上情况的患者不建议接受超声造影检查。

了解清楚关于超声造影检查的基本信息后,小美放心多了,主动要求当天检查。在导诊医生的指引下,小美放心地走进了超声检查室。短短几分钟后,医生明确地告诉小美,这是一个肝脏良性肿瘤,叫血管瘤,不需要手术。小美长舒一口气,走出医院时感觉阳光是温暖的,风是轻柔的。

　　所以,超声造影作用是什么呢?简而言之,就是通过观察造影剂小泡泡在病变区域的活动情况,来为疾病诊断提供更多的信息。

(插图:王怡婷)

(董彩虹　柴启亮)

弹弹弹，弹出肝"硬"度

王女士："医生，我患乙肝好多年了，平时也没啥感觉，听朋友说乙肝都会变成肝硬化，我很担心，有没有办法能了解我的肝硬不硬啊？"

张先生："医生，我体检出来胆红素高，肝功能不好，朋友说会不会肝硬化了，我想测测看我的肝脏是软的还是硬的。"

钱阿婆："医生，我不敢做肝穿刺呀，有没有其他办法不用扎针也能知道肝硬度啊？"

您是不是也有以上这样的疑问和担忧呢？想知道自己肝脏的情况，但又不想做有创的检查，答案是：有的！

下面给您介绍一种无创评估肝脏纤维化程度的检查——肝脏超声弹性成像技术！

肝脏超声弹性成像技术被称为"影像触诊"，其原理是使用探头将低频剪切波在肝组织中传播的速度进行有效捕获，通过测量剪切波的速度可以得到组织弹性数值，由此来评估肝纤维化程度。剪切波传播速度与肝硬化程度之间呈正比例关系，剪切波在组织中的传播速度越快，弹性数值越大，表示肝脏组织质地越硬。

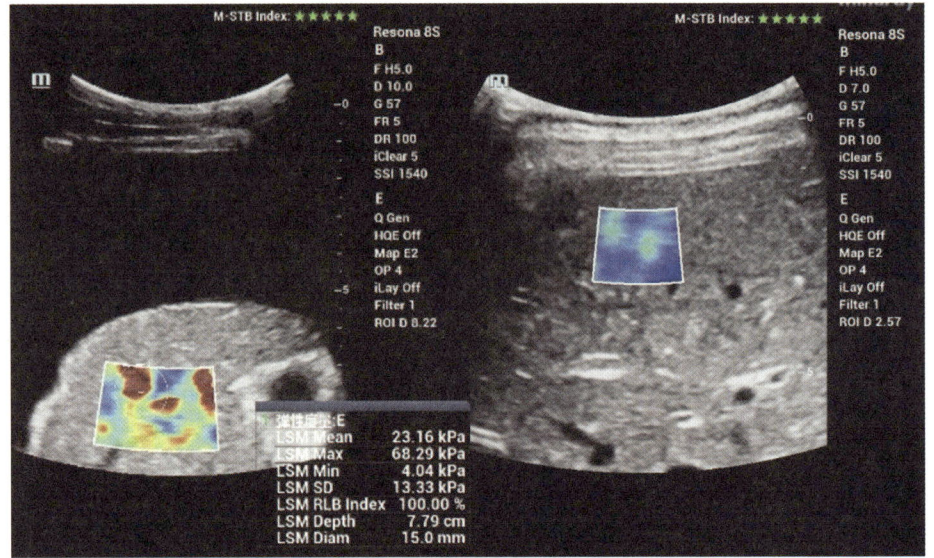

图5　图左为肝硬化患者测量所见，图右为正常肝测量所见

弹性成像技术的优势是什么呢？

（1）应用范围广、检测成功率高、直观显示肝脏硬度。

（2）检测过程无创、无痛、无并发症、无辐射、可重复操作、即时出结果。

弹性成像适用于哪些人群呢？

（1）普通人群的肝脏健康筛查。

（2）各类肝病（包括慢性病毒性肝炎、肝硬化、非酒精性脂肪肝病、酒精性肝病、免疫性肝炎等）肝纤维化程度的检测。

（3）慢性肝病治疗效果的全程跟踪。

（4）长期药物治疗所造成的肝损伤的评估。

（5）各类由代谢综合征（糖尿病、高血压、高血脂等）所引起的肝脏损伤的评估。

小结

　　肝脏弹性成像技术是一种无创、安全、实时、可反复操作的检查，能简单直观地了解肝脏的软硬度，适用范围广，费用低。如果您想了解自身肝脏的软硬情况，就一起来弹一弹吧！

（张霞）

脂肪肝严重不严重，超声新技术来回答

啥叫脂肪肝？脂肪肝为各种原因引起的肝脏脂肪蓄积过多的一种病理状态，当肝内脂肪含量超过 5% 时就可以称为脂肪肝。

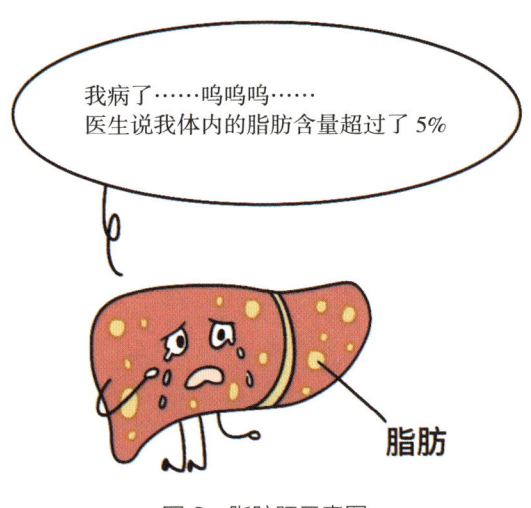

图 6　脂肪肝示意图

目前临床诊断脂肪肝程度的金标准依旧是有创性的肝活检，另外受到认可程度较高的检查还有 MRI 检查。一般来说，肝活检因为有创伤，MRI 检查因为价格昂贵，所以临床接受度不高，临床主要采用超声和 CT 检查。由于 CT 检查具有一定的辐射，因此，普通超声的价格和便捷优势使其成为首选检查，但其不足是检查的准确性有限。目前我们依据超声图像显示声波的衰减程度、膈肌和肝内管道结构的清晰程度等不同的超声表现将脂肪肝初步分为轻、中、重度脂肪肝。这种主观性分级受医师的经验和仪器的影响较大，准确性不高。

那么，超声能否准确诊断脂肪肝并对肝脏脂肪含量进行定量检测呢？近几年超声技术的发展使无创定量检测脂肪含量成为可能。无创肝脏定量检测脂肪含量的技术主要依据声波在不同脂肪含量的肝脏组织中传播产生的衰减及散射等声波改变的不同，对肝脏脂肪含量进行评估。该技术克服了既往超声技术易受到操作者经验及不同机器影响的不足，达到客观定量、无创、准确地测量肝脏脂肪含量，且与 MRI 检查和病理检查结果基本一致。

超声脂肪定量技术可与普通超声同时检查，整个测量过程不超过 5 分钟。如果您想了解自己肝脏脂肪的准确情况，或者关注脂肪肝的治疗疗效时，都可以试试超声脂肪定量技术。

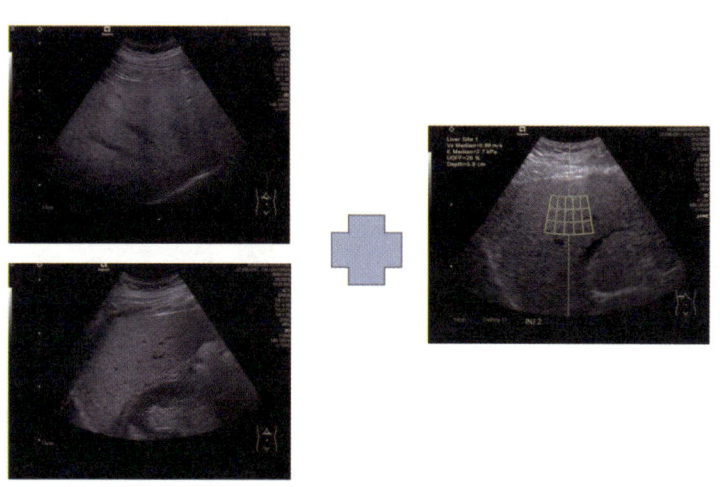

图 7　普通二维灰阶超声图像 + 肝脏脂肪定量图像

（朱宇莉）

三维、四维超声比灰阶、彩超更清楚吗？

超声医生给孕妈妈做大排畸检查时经常会被问道："医生，今天给宝宝做的是四维超声吗？我能看到宝宝的模样了吗？好期待啊！"超声医生通常会这样回答："大排畸检查不用三维、四维功能，而是以灰阶、彩超检查为主。"这时孕妈妈往往很失望："我在网上经常能看到别人晒宝宝的三维照片，能看清楚宝宝的模样，有这么好的技术，你们怎么不用啊？"要解答孕妈妈的疑惑，还得先从超声波的成像技术和原理说起。超声波成像的技术有很多，包括：M型超声、灰阶超声、多普勒超声、三维超声、超声弹性成像、超声造影等。检查不同的器官，医生使用的超声波成像技术也不同。超声波的应用非常广泛，可用于成人浅表器官、腹部器官、心脏、妇科、产科及儿科等领域。产科超声成像模式主要有以下几种：

（1）灰阶超声：灰阶超声是产科超声最基本的成像方法，每一位孕妇都要用到。灰阶超声是通过探头发射超声波进入人体，然后再接收反射回来的波，通过仪器转化，用黑、白、灰等灰阶的模式把人体的不同组织显示出来。灰阶超声是最基本的成像模式，也是最重要的一种。监测胎心、胎动，筛查胎儿畸形，测量胎儿大小，监测胎儿生长发育等，都需要依靠灰阶超声模式，这种模式获得的胎儿信息量也是最大的（图8、9）。

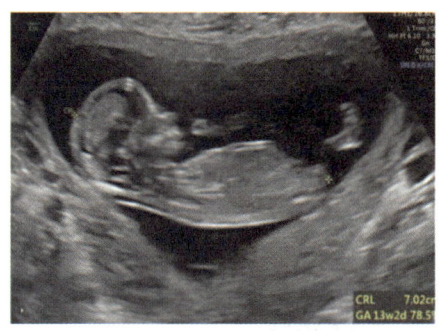
图8 灰阶超声显示胎儿

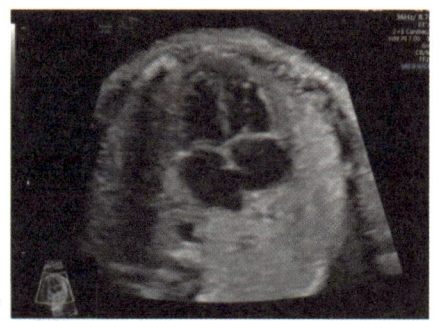
图9 灰阶超声显示胎儿心脏

（2）彩超：彩超从医学的角度讲就是多普勒超声。多普勒超声包括：彩色多普勒、频谱多普勒及组织多普勒。其中频谱多普勒又包括：脉冲波多普勒和连续多普勒。产科最常用的是彩色多普勒和脉冲波多普勒血流成像技术。彩色多普勒是在灰阶图像的基础上叠加血流图像，评价心脏或血管的血流动力学情况。颜色代表血流的方向，亮度代表血流速度。检查胎儿心脏血流情况、判断有无脐带绕颈时需要用到此技术（图10、11）。如果需要测量具体的血流参数数值时，就要用到脉冲波多普勒技术了。

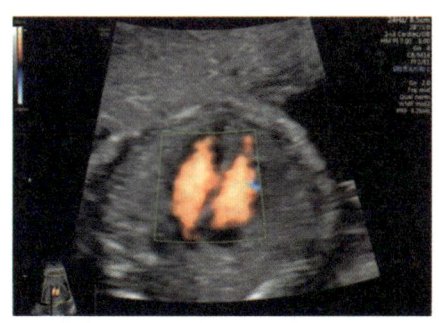
图10 彩色多普勒血流成像显示胎儿心脏

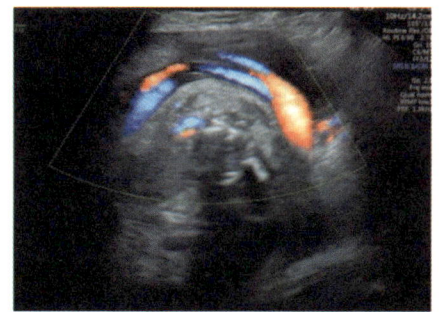
图11 彩色多普勒血流成像显示胎儿脐带

（3）三维、四维超声：对孕妇来说，三维、四维超声是她们最渴盼的，但它在临床应用中并不是必需的。三维、四维超声的成像原理是通过超声仪器的转换软件将收集到的灰阶二维图像转化成三维、四维的立体图像。表面成像是三维、四维超声的一种成像模式，这种模式最接近我们用眼睛看到的图像，因此孕妇最容易理解，也非常喜欢。但从产前诊断的角度来看，三维、四维超声的作用非常有限，仅可以辅助超声医生排除胎儿外表的畸形，目前它最大的作用就是给胎儿拍脸部的照片（图12）。

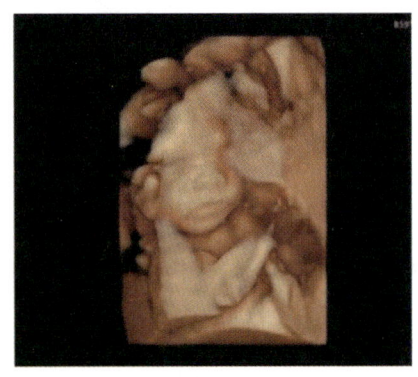

图12　三维超声表面成像显示胎儿脸部

小结

灰阶超声是最基本的检查方法，每一个人都要用到。观察心脏、血管时要使用彩色多普勒血流成像。灰阶超声和彩色多普勒血流成像是临床工作中最基本和最重要的检查方法。三维、四维超声是超声领域出现的新技术、新方法，目前尚处于探索阶段，应用领域有限。因此三维、四维超声比灰阶超声、彩超更清楚的说法是错误的，它只是灰阶超声、彩超的有益补充。

（漆玖玲）

腹超？阴超？肛超？怀孕时能做吗？

很多女性去医院做妇科"B超"时认为只需在肚子上检查，当超声医生吩咐其脱裤子时，会看到她们一脸的茫然和诧异，看着长长的阴超探头，她们甚至觉得有点可怕。今天我们就来聊聊在妇科超声检查中遇到的三种妇科超声检查方式：需要憋尿的经腹部超声、需要排空小便的经阴道以及经肛门超声检查，它们各有什么优势和局限性，应该怎么选择？三者可以互相替代吗？

经腹部超声

这是最常见的检查方式，主要用于检查有无子宫肿瘤、子宫内膜异位、卵巢肿物、盆腔内炎性肿块或脓肿及盆腔内出血等疾病。需要注意的是，经腹部超声需憋尿，检查前半个小时至1个小时需饮水500~1000毫升，憋尿不足会导致膀胱充盈不足，胃肠道内大量气体遮挡盆腔脏器，无法探查。但若憋尿过度，过度充盈的膀胱又会压迫盆腔脏器，使其变形移位，一些微小的病变常常会被掩盖。

受孕3个月以上的女性，由于宫腔内已有一定量的羊水，若无特殊要求，经腹部超声检查就不需要憋尿了，有特殊要求时，比如经腹部超声测量宫颈管长度、查看胎盘位置等检查，还是需要适度憋尿的。

经阴道超声

经阴道超声简称阴超。阴超主要针对有性生活史的女性，检查时患者需排空小便，医生佩戴一次性手套，在探头上套一次性避孕套，将探头伸入阴道来进行检查。阴超因为探头频率较高，可以抵近检查区进行观察，对于子宫、卵巢等盆腔脏器的显示更加清晰，更容易观察到一些微小病变；但阴超扫描范围及深度较局限，有时需结合经腹部超声，以达到最佳诊断效果。

（1）做阴超会很疼吗？

阴超探头一般长约25厘米，但检查时探头并不会完全进入阴道，通常伸入阴道的长度为10~15厘米。阴超探头进入体内时，可能会产生一些不适感。如果没有一些特殊疾病，例如阴道壁粘连、子宫内膜异位等，只要配合医生，大部分患者并无明显的疼痛感。

（2）月经期是不是不能做阴超？

月经期出血较多时做阴超，宫腔内未排净的积血可能会影响医生的判断，并有造成宫腔感染的风险。但如果经血不多，且临床确有需要时，预防感染措施准备充分的情况下，仍可以考虑做阴超。

（3）怀孕了还能做阴超吗？会不会对孩子有影响？

阴超检查时探头极短的部分会触碰到宫颈外口，不进入宫腔，不会伤害到宫腔内的宝宝。而且医用超声波强度低、时间短，对胎儿来说基本是安全的，至今尚无超声检查引起胎儿畸形的报道。阴超对于孕早期的检查非常重要，各位准妈妈千万不要因为过度担心而错过检查。另外重点提醒：阴超检查是不会诱发流产的。

（4）以下人群不适合做阴道超声检查：

①处在月经期或阴道不规则出血者。

②有传染病者，如阴道炎、性病。

③有其他的宫颈疾病、阴道疾病以及一些外阴疾病者,以防感染、交叉传染和引起出血等不良后果。

④无性生活史的女性是禁止进行经阴道超声检查的。

经直肠超声

对于无性生活史或者因各种原因无法经阴道检查的女性,可以选择做经直肠超声检查,将超声探头放入肛门进行探查,可以达到与阴超同样的效果,但可能存在肛门酸胀、疼痛等不适感。需要注意的是,患有急腹症、严重痔疮、肛管直肠周围感染等患者禁止使用。

总的来说,无论是哪种超声检查,都是为了及时发现病灶,并无好坏之分,只有适合不适合。请大家到正规医院,听取医生的建议,并结合自身情况进行综合考量。

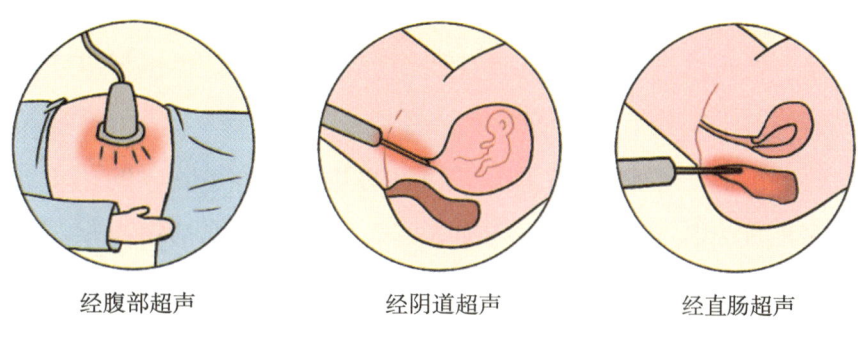

经腹部超声　　　　经阴道超声　　　　经直肠超声

图13　三种B超检查示意图

（徐彬　戴紫惠　李亚男）

超声检查相关知识

B超检查前把宝宝哄睡能代替镇静吗？

当小宝宝需要做超声检查时，总有一个绕不开的话题——检查前的镇静准备是否安全。超声检查室内，常常能听到家长问："我们刚把孩子哄睡了，可以先不用镇静剂，试着做一下吗？""我们把孩子手脚摁住不动，不就可以检查了吗？""用了镇静剂，宝宝会不会变笨？"许多家长想用哄睡替代镇静，一方面觉得镇静准备太麻烦，另一方面是担心镇静剂的安全性。

镇静准备一般针对小于3岁的婴幼儿，这个年龄段的孩子还不能很好地配合检查，同时对"白大褂"有焦虑恐惧情绪，很难安静地接受检查。在孩子哭闹或者手脚动个不停时，超声科医生无法获取满意的图像：哭闹时大幅度的呼吸会使腹部脏器上下快速活动，影响观察和测量；四肢随意活动会牵动肌肉，影响医生对软组织小肿块的测量及血流观察，从而无法准确判断肿块性质。刚刚被家长哄睡的小宝宝睡眠很浅，在接受超声检查时，探头的触碰会让他们感到不适，有时候还需要摆放特殊体位，这些干扰刺激因素都会惊醒他们，从而难以顺利完成检查。

目前儿科常用的镇静剂是10%水合氯醛，采取口服和灌肠的给药方式，不良反应主要为呕吐、心率减低、呼吸抑制、皮疹、烦躁等，但发生率很低。镇静后，孩子一般在 30 分钟内入睡，1~2 小时后苏醒。水合氯醛被公认为是一种在儿童影像检查中安全有效的镇静剂。医生应用镇静剂前，会进行临床评估，并按体重计算剂量。从镇静到复苏的过程中，会对孩子的心率、呼吸等进行监测。这些工作都能为宝宝们的镇静安全保驾护航。

但是，并不是每一个小宝宝做检查时都必须用药镇静。从年龄上来看，给新生儿和小婴儿检查时，一边喂奶或者给予安慰奶嘴能让他们安静下来；对于接近 3 岁的幼儿，家长的安抚就可以缓解他们的焦虑，使他们配合检查。从病情上来看，对于一些急腹症，如果需要超声检查先排除肠套叠、肠梗阻、腹水等情况，可以暂时先不用镇静。超声科医生会综合这些因素来判断宝宝是否必须镇静。

为了让用药镇静的孩子顺利完成检查，从镇静前到检查过程中，每个环节都马虎不得。为了防止窒息，患儿镇静前需要禁饮禁食，家长一定要仔细阅读预约告知；镇静前 2~3 小时内尽量别让孩子睡觉，让他们处于疲倦状态，这样镇静效果更佳；检查时衣着要

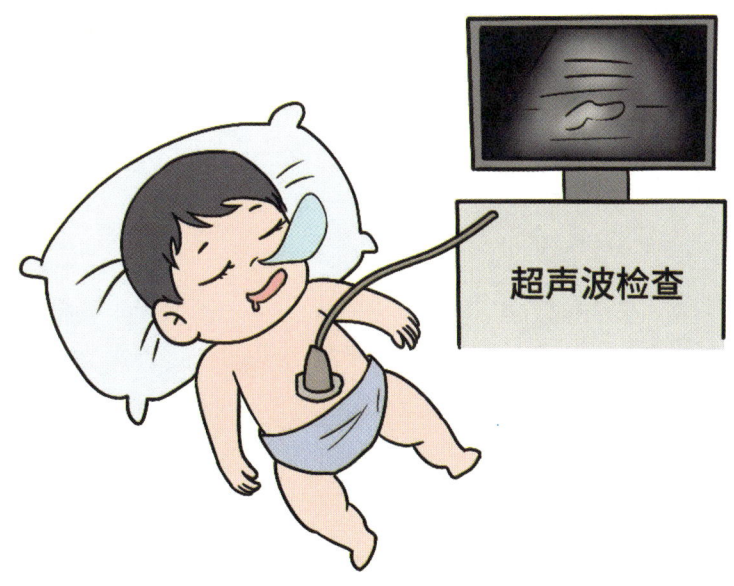

图 14　镇静超声检查

轻软，避免脱衣服动作过大而惊扰宝宝；检查时的耦合剂应是温热的，以减少对小宝宝的皮肤刺激。

　　爱娃心切的家长需要认识到，镇静准备对于准确的超声诊断至关重要。如果家长不提前和医生沟通，自作主张先把宝宝哄睡了，那可能就是好心办坏事，给自己添麻烦了！

（孙颖华）

宝宝昨天才生出来，今天就能做超声检查了吗？

宝宝昨天才生出来，今天就能做超声检查了吗？宝宝这么小，做超声检查有没有辐射呀？安全吗？对于新生的小宝宝，作为父母有更多的担忧，唯恐宝宝受到一点点的伤害。对于超声检查的安全性，来给大家做个简单介绍，给父母们吃颗定心丸。

首先，我们来了解一下波、辐射以及超声波等概念，以便知道超声检查到底有没有辐射。波是指振动的传播，电磁振动的传播是电磁波，机械振动的传播是机械波。辐射是指电磁波发出的电磁能量中一部分脱离场源向远处传播，能量以电磁波或粒子的形式向外扩散。辐射主要分为电离辐射和非电离辐射。非电离辐射是指无线电波、微波、红外线、可见光、紫外线等。电离辐射是指α射线、β射线、X射线、γ射线、质子、中子等，通常被认为是放射性的辐射。辐射无处不在，但不是所有辐射都是有危害的，非电离辐射是没有危害的，有危害的是电离辐射，也就是人们通常所说的"辐射"。医学上常见的"辐射"有X线透视、X线平片、CT、放射性同位素检查等。"辐射"是电磁波发出的，而超声检查的原理是超声波，超声波是一种机械波，不同于X线、CT、核医学等检查，是没有辐射的。

没有辐射,超声检查就是绝对安全的吗?迄今为止没有发现因诊断超声对人体造成伤害的证据,但没有损伤证据不等于没有伤害。对于诊断剂量超声,仍然要求将能量的安全阈值设置在对人体组织损伤最小的范围内,严格遵循 ALARA(As Low As Reasonably Achievable)原则,即最小有效剂量原则。

怎么来监测超声检查的安全性呢?声波是一种能量载体,声能在生物组织中传播时产生一系列生物效应,例如热效应、机械效应、空化效应等。热效应可以使组织温度升高,机械和空化效应有可能导致组织损伤,但损伤的有无和程度与组织敏感性、效应的强度和暴露时间等都是相关的。为了检测不良反应的风险,在现行的标准和条例中,提出能够直接监测空化效应和热效应指标,即机械指数(Mechanical index,MI)和热指数(Thermal index,TI)。这两个参数强制性地要求必须在显示器上显示出来,使诊断超声的应用者能够随时监测能量输出的变化,提高超声应用的生物安全性。

对新生儿颅脑、眼、性腺作检查时,医生在获得诊断信息的条

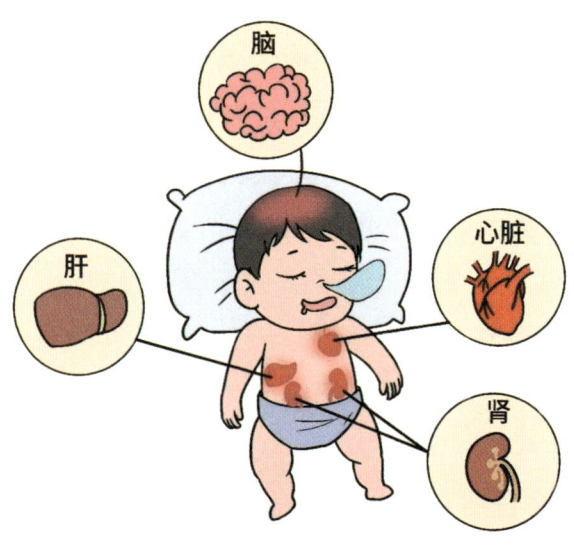

图 15　新生儿超声检查

件下会尽量缩短检查时间，充分利用冻结与电影回放等功能，使探头可以尽量在短时间内扫描检查的目标部位。

综上，超声检查是没有任何辐射的，现在用于临床诊断的超声检查仪的生物学效应剂量和检查时间均处于安全范围之内，对人体安全无害，对孕妇和胎儿、新生儿也是非常安全的。

（秦小娇）

"空腹"让您的超声检查不白做！

"说什么检查会白做，这就是推诿嘛……"张奶奶拿着超声申请单从诊室出来，气呼呼地对老伴说。到底怎么回事呢？原来张奶奶这几天肚子有些不舒服，今天早上吃过饭后，老伴就陪着她到医院看病了。医生开了腹部超声检查后，约她明天早上空腹来检查。但张奶奶跑到超声医生那里商量直接检查算了，家里离医院还挺远的，麻烦！可是超声室那位医生不但没答应她，还说如果今天给她做，她的超声检查就白做了。张奶奶被拒绝了，明天还要跑一趟，还要饿肚子，能不生气嘛！

图16 超声检查要空腹

生活中，想必很多人都碰到过这种情况，特别希望医生开了超声申请单后就能直接检查，多痛快呀。但实际上，很多人并不了解，如果不按要求做超声检查前准备，很多疾病就可能无法发现，超声检查可能就真的会白做，更会延误了病情的诊断及治疗。

一直以来，超声成像的两大难题就是气体和骨骼。其中气体与软组织及液体间的声反射系数在 99.9% 以上，会使绝大部分的入射声波返回，也就是说，哪怕只有薄薄一层气体，超声波都无法穿过，气体后方的身体结构就好像藏在迷雾中，超声医生无法看清，更别说找到病变了。进食后，食管、胃肠道内会有大量的气体，会干扰周边腹部脏器如肝脏、胰腺、腹膜后脏器的检查，所以做这些部位检查时是需要空腹的，空腹还可以使胆囊充盈，这样才可以更好地观察胆囊壁及胆囊内的结构。

所以检查上腹部（包括肝、胆、胰、脾、腹部血管及腹膜后器官等）脏器时，就需要空腹！空腹的做法是检查前 8~12 个小时禁食禁水。一般建议预约在上午检查，不吃任何早餐，如果实在口渴，少量饮用纯净水是可以的，吃药也是可以的，但牛奶、豆浆等饮品是不可以饮用的。

另外，还需要注意的是，虽然是空腹，但做完胃肠镜检查后当天也不宜做超声检查，因为胃肠道内会残留较多的气体，对超声检查有明显的干扰。而空腹做完消化道 X 线造影后同样不可以马上做超声检查，这又是为什么呢？这是因为 X 线胃肠造影的钡剂是超声的强反射和吸收剂，胆囊、胆管及胃肠道内如残存钡剂，会影响超声波的传播从而影响组织结构的显示，应在 X 线胃肠造影 3 天后，胆系造影 2 天后，再做超声检查。

小结

超声检查前，该空腹的项目注意要空腹，该等待的时间注意要等待，检查前这些小小的准备工作能很好地帮助超声医生发现脏器可能存在的问题，使疾病君无处可藏，超声检查不白做！

（韩红　张慧群）

超声检查中"憋尿"那些事儿，原来门道还挺多

到医院做超声检查，经常会听到医生跟患者说：你这个得喝水憋尿！小便还不够！小便太多了，解掉一部分！有尿吗？有就解掉……憋尿这件事看似简单，却常常让我们万分头大。那么，今天我们就来说说超声检查时憋尿那些事儿。

哪些检查需要憋尿？

需要憋尿的一般为经腹部进行泌尿生殖系统器官检查，主要包括膀胱，男性前列腺，女性子宫、附件及盆腔超声（包括早孕超声检查）；肾脏及输尿管常规检查无需憋尿，但当怀疑有输尿管结石或占位时也需要适度充盈膀胱，方便输尿管的显像。此外，经阴道及经直肠超声检查通常无需憋尿，而孕中晚期由于增大的子宫内有足量羊水作为良好透声窗，也是不需要憋尿的。

为什么要憋尿？

这主要与超声的特性有关，超声也怕"受气"，当检查路径上有较多气体时声波被完全反射而无法穿透至深部组织，图像上只能看

图 17 超声检查该怎么憋尿

到"白茫茫"的一片;相反,均质的液体对超声则非常友好,可使其以极小的损耗顺利穿透直达深部组织。需憋尿检查的部位多位于下腹部或者盆腔,这里大部分区域被含气量较多且不停蠕动的肠道占据,在无尿或尿量较少状态下超声常无法清晰显示。

饮水憋尿使膀胱充盈的作用有两个方面:一是充盈的膀胱将肠管向上方及两侧推移,从而减少肠道气体及肠蠕动对图像产生干扰;二是使得皱缩的膀胱壁充分舒展,膀胱壁和腔内异常结构或占位可以充分地显现出来,与此同时,膀胱内尿液成为子宫附件、前列腺及盆腔的良好透声窗,使这些部位得以清晰显示。

憋尿憋到什么程度合适?

有尿虽好,但也讲究个"度"。一般而言,憋到自己有尿意即可,此时若取平卧位,小腹可呈轻微隆起,轻压后小腹柔软稍下陷且能忍受。若小腹明显突出且感觉尿急难忍,多半是尿量过多了,过度充盈的膀胱会压迫周围结构使之变形,导致测量结果不准确,输尿管及肾脏也会因尿液引流不畅而出现"假性积水",残余尿量测值也会偏高,影响结果准确性。此时,需将小便排掉一部分再行检查,假性积水也需要将小便排尽后再次检查排除,残余尿量则需要在排尿 2~3 次后再行测量。

如何快速憋一泡合格的尿?

每个人憋尿速度有快有慢,但通常在检查前1小时左右饮500~800毫升纯净水(白开水)即可满足检查需求。如果急需检查,想更快憋尿,则可把水换成含糖饮料,或可适度饮用一些咖啡、茶水,条件允许的话吃两片西瓜也是不错的选择(有空腹要求者及有糖尿病者此条不适用)。此外,喝完水后稍微走动也有利于尿液形成。

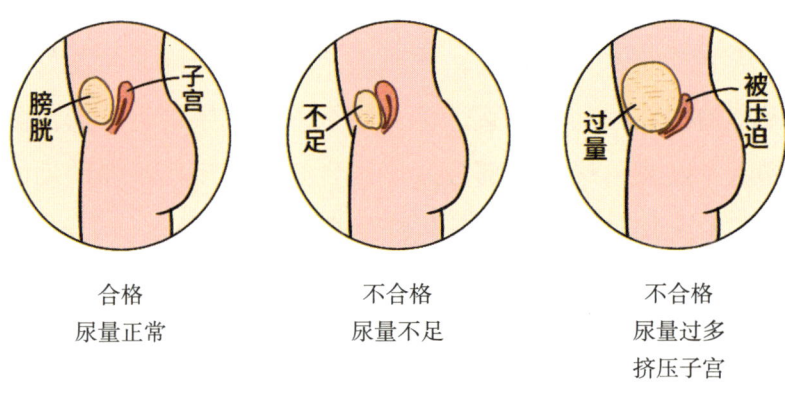

图 18 尿量示意

好了,综上所述,相信您对超声检查中憋尿这件事已经有所了解了吧。

小贴示

不确定检查注意事项时,记得咨询您的医生,同时也请认真阅读检查申请单,上面注明了相关注意事项,能帮助您顺利完成检查。

(李翠仙 韩红)

超声医生的秘密武器
——"浆糊"的前世今生

超声检查是目前临床上应用最广泛的影像检查手段之一。做过超声检查的患者一定对检查部位涂上的一层黏糊糊的、淡蓝色或透明的"浆糊"印象深刻，这种黏糊糊的东西到底是什么？对身体有没有危害？今天，我们来谈谈"超人"的秘密武器。

这种淡蓝色或透明的凝胶样物质称为"超声耦合剂"（图19）。对于超声医生来讲，这武器虽然非常普通，但相当重要，是超声检查得以顺利进行的必要工具。

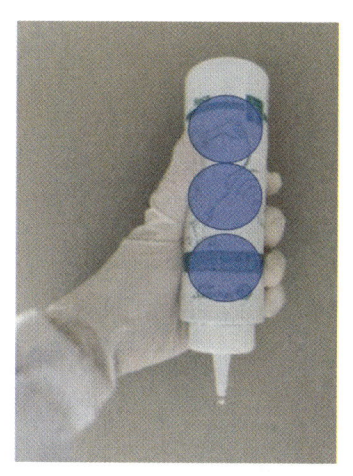

图19　超声耦合剂

超声耦合剂有哪些作用？

1. 辅助超声传导

超声探头发射出的超声波在空气中无法传导。超声探头直接接触皮肤时，探头与皮肤间往往会存在空气，相当于探头与空气间形成一界面，由于存在较大的声阻抗差异，会产生强烈的反射作用，超声波基本上无法穿透这个界面进入体内，因而无法看清人体内部情况，从而不能达到诊断或治疗的目的。而当探头和皮肤之间添加耦合剂后，可以排除空气对超声波传导的干扰，超声波能顺利进入人体，通过反射回来的声波可以清晰地对体内脏器进行显像。因此，可以说，耦合剂起到了辅助超声波传导的作用。

2. 减少摩擦

超声检查时，由于某些脏器体积较大，需要探头在体表滑动进行移动扫查，防止某些部位被遗漏。涂抹耦合剂后能起到润滑功效，使得探头在皮肤上能够顺畅移动，避免摩擦引起患者不适。

想不到吧，小小的耦合剂竟有大用处，是"超人"必不可少的好帮手。

超声耦合剂的前世今生是什么？

年龄稍大的患者喜欢把超声耦合剂称作"浆糊"？上海人有句俗语叫"捣糨糊"，我们可是认认真真的超声人，不喜欢"捣糨糊"，秉持着一追到底的精神，我们来扒一扒这个"浆糊"的前世今生。

医用超声最早用于探查伤情，主要使用矿物油、植物油、硅油等充当耦合剂，但这种耦合剂声学特性差，难以获得高质量的超声图像，而且存在刺激皮肤、损坏探头、脏污衣物、不易清洗等缺点，逐渐不被医生和患者接受。

随着现代超声医学的发展，科研人员选择了高分子凝胶型制剂。其主要成分是甘油和树脂，并加入中和剂、润湿剂、防腐剂、着色剂等配制而成，对人体不会有危害，所以不用担心。

超声耦合剂的使用是伴随着超声技术在临床的应用开始的。早在20世纪80年代初，超声耦合剂随着超声设备一起购进。由于进口超声耦合剂价格昂贵，国内多数医院在很长时间内都是自行配制超声耦合剂。有医院使用浆糊充当耦合剂（原来真的是用过浆糊的），但是其保存时间及物理性能远远不能满足超声检查的需求。20世纪90年代中期，国内才开始对凝胶型耦合剂进行研制和生产，目前国内正式生产的产品均为凝胶型。还有，目前医院内使用的普通型耦合剂均是非无菌型耦合剂，注意只要避开患者的皮肤破损区就可以。

小结

检查时，使用耦合剂可以明显提高超声图像质量。耦合剂还能起到润滑作用，减少探头与患者皮肤摩擦，起到保护患者皮肤的作用。超声耦合剂内不含油脂，对人体无毒、无害，检查结束后用毛巾擦干净或用清水洗干净就可以了。耦合剂是超声检查时的好帮手，超声医生的秘密武器！

（张志华　张慧群）

超声诊室里"一探究竟"

有这样一个地方,时针刚过7点,登记台前早已排起了长长的队伍,候诊区坐满了焦急等待的人们。7点25分,保洁阿姨清理打扫好房间,整理好床铺,拉上厚重的窗帘,"小黑屋"里医生便开始了其忙碌的一天,这是哪里?这就是超声科的一间普通诊室,因为内部光线较暗,人们俗称它为"小黑屋"。大家都觉得它很神秘,今天我就带大家到超声诊室去一探究竟吧!

"小黑屋"里有什么?

一盏台灯,一副桌椅,一张床,一台电脑,一台神秘的仪器,这就是"小黑屋"的全部家当。对了,还有一位手持秘密武器,熟练操控仪器和电脑的"超人"!

"小黑屋"为啥那么黑?

一踏入"小黑屋",经常会感慨:"拉着窗帘,好黑啊,有点阴森森的……"

因为要把超声图像显示得更清晰,所以房间灯光一般会调暗。光线太亮的话,显示器就会反光,影响医生的观察。另外,有时候需要裸露身体部位，拉上窗帘也能更好地保护隐私。

"小黑屋"里做检查的是医生吗?

绝大部分医院超声科的医务人员是医师，少数医院有技师帮忙扫查和存储图像，但签署报告的一般仍是医师。超声医师与临床医生一样拥有"执业医师证""医师资格证"，此外还拥有"大型医疗仪器上岗证"。除了专修影像学外，还需要研修内、外、妇、儿等学科。超声医生对疾病的了解程度，一点都不会逊色于临床医生。

超声主要是靠仪器诊断的吗?

经常有患者吐槽："现在的毛病都是靠机器诊断的！"

超声仪器和超声探头只是超声医生的工具，超声仪器把超声医生采集到的信息转变成画面在显示屏上呈现出来。每一幅超声图像都是超声医生亲自探查和采集的；每一个诊断，都是在超声医生边扫查、边思考的过程中形成的。在问诊的时候，超声医生的手在有规律地扫查，眼睛在目不转睛地寻找蛛丝马迹，大脑在飞速地运转，这个过程看似波澜不惊，却是一个手、眼、脑并用的过程，非常考验医生的能力。

超声医生很"高冷"是吗?

"我跟里面的医生说话，他都不怎么搭理我，态度不好。"超声检查是手到、眼到、心到的过程，一边操作一边要进行思考。患者不断地提问，只会打断医生的思路。如果诊断需要，医生自然会选择性地向患者提问。超声医生的工作是替患者做好检查，找出可能存在的问题，至于吃什么药，吃多少，要不要住院、手术，手术要花多少钱等问题，就需要拿着报告去找临床医生了，不是因为超声医生不懂或懒得回答，只是因为职责和分工不同。

超声医生工作很清闲吗？

超声医生的工作，经常坐着，看起来绝对是一件美差。其实不然，忙碌是超声科的常态。您瞧，此时快11点半了，候诊大厅还是熙熙攘攘，这大概就是医院最忙的地方了。超声作为常规检查项目，天天人满为患，为了尽可能地节约时间，减少患者的等待，我们一坐就是大半天，经常顾不上喝水、上厕所。连班、加班是常有的事，常常吃上两口饭就马上去诊室。超声医生常被同行称为"超人"，不仅是因为跟超声有关，更是因为临床的精准诊断和治疗离不开超声。

"理解"是医患和谐的基础。我们初心不改，对每一位患者做到耐心、细心。而您，如果有幸读到这里，也能理解超声医生的工作，那请您以后不要称呼超声医生"小姐、师傅、护士……"可以叫我们"医生、大夫……"

图20　超声检查等候区

（插图：王怡婷）

（张志华）

No. 1656808

处方笺

腹部超声
热点问题

医师：_____

临床名医的心血之作……

肝脏超声

注意你的肝脏，不要让它硬化了哦

28岁年轻小伙儿小王，宅男一枚，从小就胖，一身肥膘，日常没事喜欢约三两好友一起喝酒，平时吃嘛嘛香，从来没想过到医院体检，偶有腹胀感，也没当回事。后来朋友发现小王脸色偏黄，仔细观察发现他皮肤、眼睛和手掌都有点黄，被笑称为"小黄人儿"。小王前往医院进行超声检查后，医生当即告知已经肝硬化了，自觉健康的小王顿时吓蒙了。旁边一同排队检查的58岁魏先生也替小王惋惜，魏先生说虽然自己40年前就查出患有乙肝，但平时极其注意保护肝脏，定期在医院进行肝功能以及肝脏超声检查，即便几十年过去了，魏先生的肝脏在超声检查结果上来看依然接近正常。

那么肝硬化究竟是怎么来的呢？我们该如何对肝脏进行监测呢？

肝硬化是由一种或多种病因长期反复作用而造成的肝脏弥漫性损害，肝脏的反复损伤和自我修复导致纤维增生，逐渐加重最终导致肝脏的变形、变硬，即肝硬化状态（图21）。

病毒性肝炎是我国肝硬化的主要病因，其中以乙型病毒性肝炎最为常见，病毒性肝炎发展为肝硬化的时间为数月至数十年不等。其余病因包括酒精性肝病、代谢相关脂肪性肝病、自身免疫性肝病及药物性肝病等。当出现一个以上的病因时可加速肝硬化的发展。

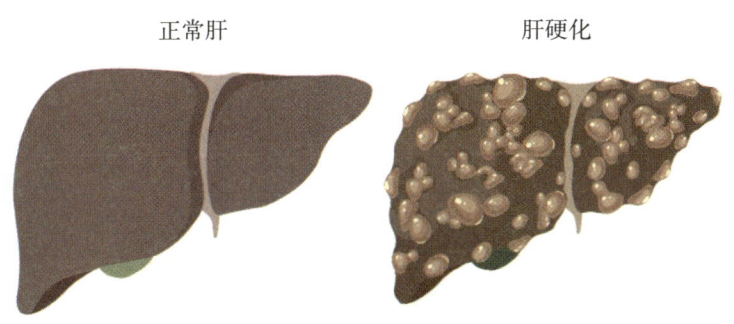

图 21 正常肝脏与肝硬化外观示意图

近年来，肥胖发生率逐年增加，由脂肪性肝病进展而来的肝硬化极为隐匿，全球范围内约 7.7% 的肝硬化与脂肪性肝病相关。

肝纤维化和肝硬化诊断的"金标准"是肝穿刺的病理学检查，但由于肝穿刺是有创检查，疼痛且有出血风险，临床上不宜采用频繁的肝穿刺，同时应定期随访和监测肝纤维化进展。近年来开发了很多用于早期肝纤维化和肝硬化的无创诊断技术，临床最常用的是基于影像学的诊断技术，包括超声、CT 和磁共振成像检查，其中超声检查是最为便捷和实用的手段。

常规超声能够显示肝脏的大小、形态、内部回声、肝包膜和门静脉血流信息，当出现肝区回声明显增粗呈结节状、脾肿大、腹水等典型肝硬化征象时，可诊断肝硬化，但肝纤维化和早期肝硬化时，超声图像可能并无特征性改变。

超声弹性成像技术又被称为"影像触诊"，使用探头测量肝组织中的剪切波的传播速度，可以得到肝组织弹性数值，剪切波在肝组织中的传播速度越快，弹性数值越大，表示肝脏组织质地越硬（图 22）。

肝纤维化和肝硬化若不及时诊断和治疗，晚期会出现许多威胁生命的并发症，如食管胃底静脉曲张出血、肝功能衰竭以及肝癌等。相反，肝纤维化和早期肝硬化若能早期发现和治疗，是可以逆转的，即硬化的肝脏有望"变软"。超声弹性成像技术是便捷且经济的无创监测和评估肝硬化的有效工具，但不同的弹性技术以及不同病因的患者诊断临界值存在差异，建议去正规医院检查和咨询。

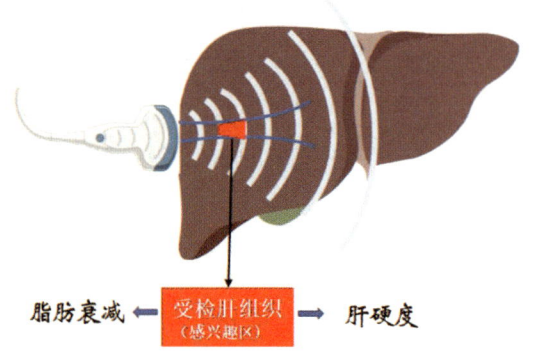

图 22　超声弹性成像检测肝硬化示意图

（程广文　丁红）

莫把脂肪肝不当病

现在大家的生活越来越富足,逢年过节免不了进入大吃大喝的狂欢节奏中。俗话说,每逢佳节胖三斤,狂欢过后不少人收获了沉甸甸的体重,去医院做超声体检被告知有脂肪肝。部分人似乎认为自己对脂肪肝挺熟悉。有些人觉得自己不胖,有点脂肪肝也没啥问题。有些人表示这很常见,"脂肪肝?好多人都有啊,不是一样活蹦乱跳,大家都没事,我也不用管"。有些人表现得满不在乎,"脂肪肝?小问题,最近饭局多,酒喝得多,等我回去饿几天就好了"。那么,超声查出了脂肪肝真的没事吗?真的不用管,任其发展吗?还是少吃几顿就好了?让我们带着这些疑问,来好好认识一下脂肪肝。

脂肪肝虽然常见,但还是有进展为肝硬化及肝细胞癌的风险

从专业角度讲,脂肪肝叫代谢相关性脂肪肝,英文简称 MAFLD(Metabolically Associated Fatty Liver Disease),按病程分为单纯性脂肪肝、脂肪性肝炎、脂肪相关肝纤维化、肝硬化,其中单纯性脂肪肝是最轻的一种,表现为超声等影像学检查提示脂肪肝或者肝脂肪浸润,但是肝功能检查基本正常,也极少出现临床症状。在此基础上,如果继续发展,不加以干预,有部分患者肝脏会出现炎症,进入脂肪性肝炎期，临床可表现为肝功能出现异常。如果继续不加控制放任其发展，有相当一部分患者会进入 MAFLD 相关肝纤维化甚至肝硬化，发生肝细胞癌的概率也大大上升。同时，脂肪肝也是许多疾病包括肿瘤的高危风险因素。随着脂肪肝严重程度的增加，代谢相关性高血压、糖尿病等疾病及肝外肿瘤等发生风险及严重程度也大大增加。那么，是不是瘦人就没有脂肪肝的困扰呢？

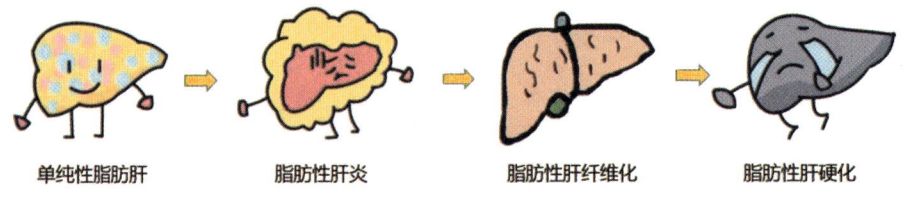

图 23　不同疾病肝形态

脂肪肝不是胖人专有，瘦人也有发生可能，且疾病风险更需进行评估

不少人认为，脂肪肝是胖人专属，实际上，脂肪肝程度和体重不完全相关，有些人虽然体重指数（Body Mass Index, BMI）正常，但是内脏脂肪含量高，脂质代谢紊乱，也容易发生脂肪肝。此外，部分人群长期吃素、过度节食，也会导致一种特殊蛋白质的缺乏，影响脂肪的代谢，从而导致甘油三酯积存于体内，形成营养不良性脂肪肝。大量研究表明，瘦人的脂肪肝更多地合并有糖尿病和体脂分布异常，疾病风险与肥胖和超重患者无差别，甚至因为不容易引起重视，疾病风险更高。最新研究发现，BMI 及腰围正常，但是有脂肪肝的人群占整体脂肪肝人群的 12.9%。那么，该如何知道自己是不是瘦人脂肪肝呢？

准确评估脂肪肝程度是早期干预的关键措施

一般来说，脂肪肝的检查首选肝功能和超声检查，但是普通超声检查主观性影响大，且有一定的漏诊率，对于轻度脂肪肝不敏感。单纯性的脂肪肝进展到脂肪性肝炎时，通常也没有明显的临床症状，多数患者会觉得自己并没有生病，不加以重视。事实上，脂肪性炎症和肝纤维化发生可能是同步的，只不过早期纤维化程度比较轻，普通的超声检查或者 CT 等检查无法做出诊断，需要经过很长时间的疾病发展，才会出现临床可见的纤维化或者硬化。单纯性脂肪肝和脂肪性肝炎的预后和疾病风险完全不同，脂肪性肝炎阶段也是及早干预、疾病逆转的关键阶段，那么，该如何早期评估非酒精性脂肪肝呢？

目前超声方面最新的无创评估脂肪肝的技术为超声脂肪定量技术及超声弹性成像技术，可简称为"肝脂肪超声"和"肝硬化超声"（图 24、25）。根据定量超声的数值，可以大致区分肝脏脂肪的程度以及是否发生了肝纤维化。

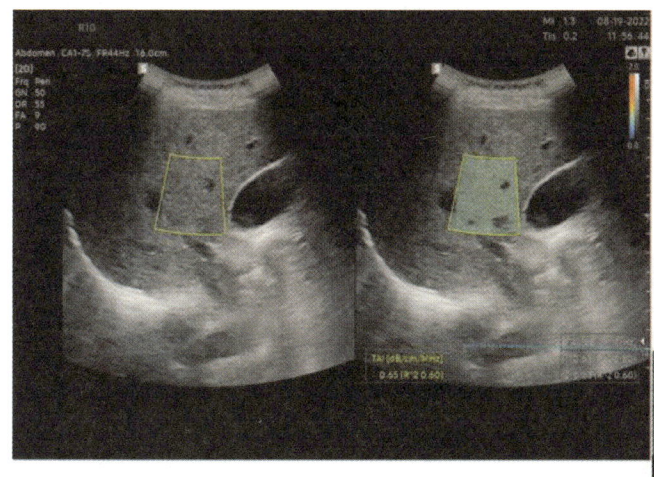
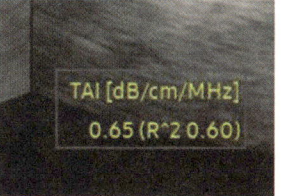

图 24　超声脂肪定量示意图

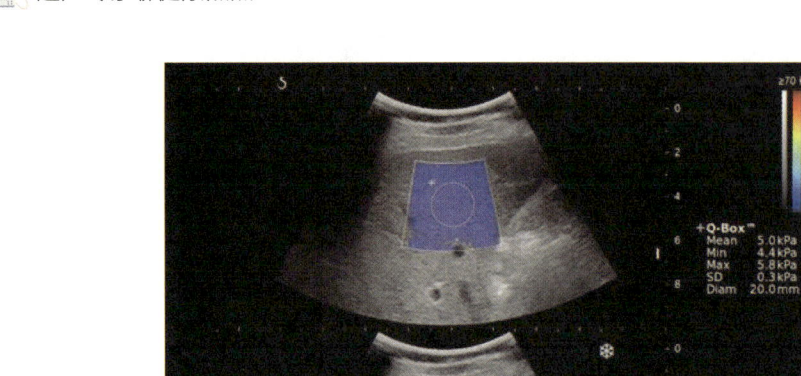

图 25　超声弹性成像示意图

所以，脂肪肝也是一种值得大家关注的疾病，无论胖瘦均须每年体检，大家都不要忽视自己的肝脏哦！

（朱宇莉　徐辉雄）

慢性乙肝患者为什么3~6个月就需要检查一次肝脾彩超呢?

何老伯,今年69岁,患乙型病毒性肝炎已经20多年,其间没有进行抗病毒治疗。5年前被诊断为肝硬化,开始口服抗病毒药物治疗,病情控制还算稳定,转氨酶只是轻度增高,肝脏彩超和磁共振检查没有发现肝脏占位。何老伯就这样按照医生的医嘱规律服药并定期检查,持续了3年后,就不把肝硬化当回事了,未遵循医生的医嘱,连续两年没有复查彩超。前些日子,他总觉着右上腹不舒服、隐隐作痛,后来决定到当地医院进行检查,结果肝脏彩超发现肝脏内见1个7厘米的实性占位,考虑肝癌可能,另外肝内见数个1厘米左右小结节。

慢性乙型肝炎对人体健康危害并非只是一时的,由于乙肝患者的肝脏中一直存在着乙肝病毒,所以必须持续跟踪观察与治疗。肝脏受病毒感染和发生炎症后,如果患者没有进行规范化的治疗,就会造成肝脏内部的结构持续性损伤,从局部的纤维化、结节性肝硬化到最后的全面肝硬化和肝癌发生。另外,即使经过抗病毒治疗,乙型肝炎病毒也只能被抑制,而不能完全消除。在乙型肝炎患者的肝脏中,始终存在继续影响肝脏的致病因素。

超声检查是一种实时、无辐射、无创、可重复的诊断手段。目前已经被广泛应用于多种疾病的诊断，在乙肝患者定期检查项目当中，肝脾彩超检查是必不可少的。乙肝患者肝脾彩超检查通常需要每3~6个月进行1次，以便及时发现肝脏质地、形态的变化，以及发现占位性病变、脾大、门静脉高压等征象，是判断病情发展趋势的有效途径。此外，肝脏超声弹性检查能够较好地发现和分析肝纤维化，帮助乙肝患者尽早地进行抗纤维化的治疗，以逆转肝纤维化。如果是肝硬化患者，检查就应更频繁一些，每3个月就应进行1次肝脾彩超和肝硬度检查。如果检查出肝内小结节后，更是要提高警惕，必要时需要做增强MRI检查。

肝脏彩超能及时帮助发现早期肝癌。早期肝癌并不可怕，通过外科手术、肝移植、介入消融等手段能有效地得到治疗。由于肝恶性肿瘤生长迅速，如长时间不进行超声检查，一旦发现就可能已发展至晚期，失去了根治性治疗的机会。在肝脾彩超检查前一天晚上的饮食要以清淡为主，不要吃过于油腻的食物。

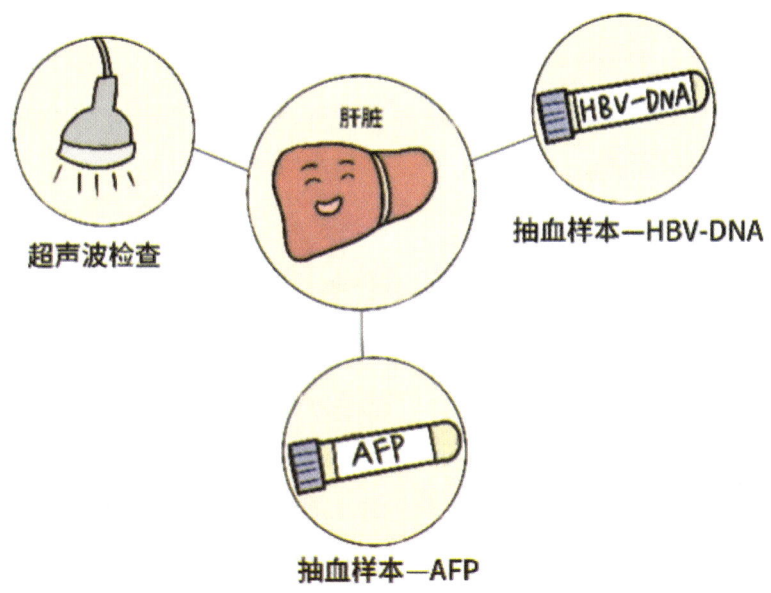

图26 适时进行肝脏检查

为了更精确地掌握病情，除了定期彩超检查外，还要进行肝功能和血清甲胎蛋白等检查，有时还需做乙肝病毒DNA检查。乙肝病毒DNA检查能判断病毒复制量高低，肝功能检查主要查看有没有肝细胞损害，血清甲胎蛋白检查能检测发生肝癌的风险，都是比较重要的检查。生活中像何老伯这样的情况也不少见，如果何老伯能做到定期彩超检查，及时发现早期肝癌，就完全可以避免发展到中晚期肝癌。

小贴士

慢性乙肝患者一定要做到长期管理，包括合理用药、按时服药、生活规律、保证营养以及持续规律跟踪随访，其中定期肝脾彩超检查少不了，这些将有助于获得长期生存和提高生活质量。

（赵崇克　徐辉雄）

职场人,请呵护你的肝

有什么比健康更重要的呢?

职场人小张今年28岁,平时工作压力大,经常熬夜加班,有时还需要喝酒应酬,还好公司每年有定期的身体检查。今年体检做彩超的时候,医生告诉他没什么大事,可看到体检报告的时候,彩超结果提示"肝脏1厘米结节,建议定期复查"。小张慌了,心想自己才28岁,也没有肝炎,怎么肝脏就有了结节呢?心急之下赶紧向医生进行咨询。鉴于很多职场人在体检时都会遇到这样的情况,今天我们就来科普一下,什么是肝脏结节,肝脏结节一定就是肝癌吗?

什么是肝脏结节?

首先要明确一个概念:肝脏结节不等于肝癌。用通俗的话说,肝脏结节就是生长在肝脏上的一个小疙瘩。它和正常肝脏组织不一样,有良性和恶性之分。良性肝脏结节最多见的是囊肿、血管瘤、局灶性结节增生、炎性包块、肝硬化结节等,此类结节往往生长缓慢,基本不会对人体健康产生影响,因此不需要进行特殊处理,定期随访复查即可。恶性肝脏结节主要包括:肝细胞癌、肝内胆管细胞癌、转移性肝癌等，恶性结节生长迅速，容易发生播散转移，对人体伤害大，因此须尽早就医治疗。

发现肝结节不要怕，医生来教你怎么做！

（1）发现肝结节时，首先问自己几个问题：有无肝炎史？有无肿瘤家族史？有无长期饮酒史？以上这些都是肝脏恶性肿瘤的危险因素。如果不存在这些危险因素，那患肝脏恶性肿瘤的概率就比较低。

（2）一旦发现肝脏结节，需要做进一步的影像学检查，进行良性、恶性鉴别。彩超是肝脏病变的首选检查方法，绝大部分肝脏结节都是在体检的时候通过彩超发现的。大部分肝脏结节的性质通过彩超典型声像图表现可以确定，如肝囊肿、肝血管瘤、局灶性结节性增生等，如遇到超声表现不典型的肝结节，可采用超声造影进一步明确病灶性质。

肝脏超声造影检查方便快捷，无需空腹等特别准备，且检查通常只需要10多分钟，目前很多医院都已开展此项检查。超声造影检查时，需要在手肘部静脉注射约2毫升造影剂，通过观察造影剂在病灶中的流入流出特点，从而对其性质做出判断。超声造影剂和CT/MRI造影剂不同，它是通过呼吸排出体外，不会对人体产生伤害，患者可以放心使用。

超声造影诊断肝脏结节良恶性的准确率高达90%以上，万一碰到超声造影也难以定性的不典型病灶，就需要超声引导下对肝结节进行穿刺活检，取到有效样本，通过病理明确诊断。同时也可以结合患者血清甲胎蛋白（AFP），进行增强CT或增强MRI检查。当然，大部分肝脏结节都是良性的，并不会癌变，大家不用担心，定期复查就可以了。

小贴士

发现肝脏结节不需要过于担心，只要是良性的、没有出现压迫的情况一般不需要治疗，平时定期去医院复查即可。另外要养成良好的生活习惯。管住嘴：减少酒精及油腻食物摄入、不吃发霉的食物；迈开腿：多做运动，保护肝脏从平常做起。

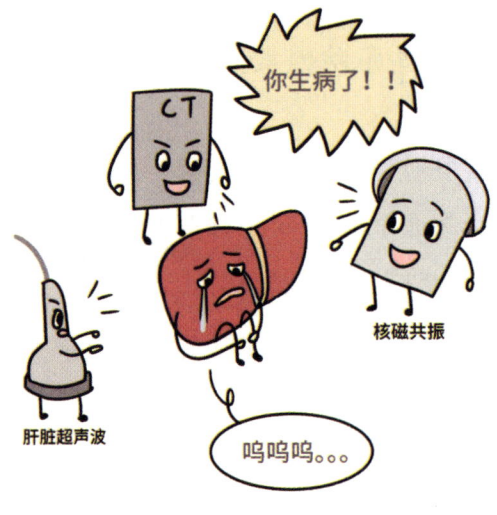

图27　肝脏检查

（陆清　王文平）

体检发现肝脏结节长大了，要不要马上做手术？

小叶是一名刚毕业一年的年轻室内设计师，工作步入正轨，准备尽快结婚，过安定的生活。今年参加公司职工体检，超声检查发现肝右叶有一个10毫米的结节，医生说，可以和去年的报告进行对比并随访。回到家，小叶赶紧翻出去年的入职体检报告，超声提示肝右叶有一个8毫米结节，未见明显彩色血流，建议随访。对于一直健康快乐的小叶来说，这两张报告就像一团乌云让她忧心忡忡。短短一年时间，肝脏结节就从8毫米长到了10毫米，增大了25%！按照这速度，明年会不会长到12毫米？眼下婚期临近，是不是需要立即手术，消除隐患？小叶思来想去，还是来到了肝外科就诊，寻求医生的帮助。

其实在日常门诊中，类似的情况很常见。那是不是体检发现肝脏结节比去年大了，就要马上处理，甚至开刀呢？答案是否定的。确实，肝脏肿瘤，尤其恶性的原发性肿瘤或转移性肿瘤，显著特点就是在短时间内出现体积增大，同时患者可伴有不同程度的消瘦、食欲不振，甚至黄疸。然而，体检发现肝脏结节增大，也需要仔细分析一下具体的数值和患者的情况，不同的检查仪器、不同的检查医生、不同的切面,使得检查报告的数值存在一定范围内的误差。医生说,小叶就很有可能是这种情况。大部分良性肝脏结节生长极其缓慢,最常见的是血管瘤,也是年轻女性发现肝脏结节的最常见类型,10毫米的结节完全不需要处理,定期随访就可以,门诊医生的一番解释让小叶松了口气。

那对于体检发现肝脏增大的结节,该如何来鉴别其良恶性呢?医生主要通过病史、体格检查和辅助检查来明确诊断。许多肝脏恶性肿瘤患者有乙肝病史,抽血检查往往能发现肿瘤标记物血清甲胎蛋白(AFP)、异常凝血酶原、糖类抗原CA19-9等异常升高。在影像检查方面,超声、CT和MRI检查能对大部分肝脏结节进行初步的良恶性判断。超声造影、增强CT和MRI检查能进一步从结节的血供情况和时相特点更准确地分析肿瘤的性质和范围。小叶又仔细看了超声报告,显示结节为"边界清晰,形态规则的高回声团块,CDFI在结节内部未见明显彩色血流",医生说,根据超声报告结合随访间隔时间,结节为血管瘤可能性大,不用开刀,注意定期随访超声和血液学检查就行。

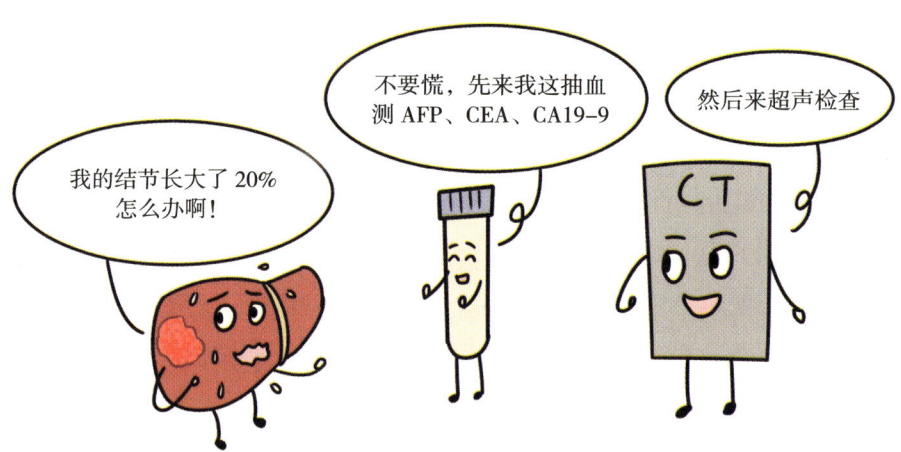

图28 肝脏结节检查

小贴士

　　肝脏结节变大的原因有很多,首先要排除是不是正常范围内的测量误差。进一步可通过超声造影、增强CT或MRI等影像检查和抽血检查来明确肿瘤的性质。如果患者出现右上腹不适、食欲不振,又伴随乙肝病史的,一定要及时前往医院进行诊疗,不可耽误。

(王希　王文平)

发现肝血管瘤该怎么办？
莫慌！三招教你如何应对

随着生活水平的提高，人们的健康意识增强了，大家越来越重视健康体检，很多患者拿到体检报告看到自己有肝血管瘤非常紧张，肝血管瘤是什么？会不会恶变成恶性肿瘤？会不会破裂？需要手术吗？所以很有必要为大家介绍一下肝血管瘤。

什么是肝血管瘤？

其实血管瘤在人体各个部位都可以生长，可发生于任何年龄段。女性的发病率高于男性，可多发，也可单发。肝血管瘤和我们平时看到的"瘤子"不一样，它是异常增生的血管在胚胎时期过度发育形成的血管畸形，大量血管堆积在一起像个"球"一样。也有学者认为女性性激素可能是血管瘤的致病因素，如青春期、妊娠、口服避孕药等可使血管瘤生长速度加快。肝血管瘤是肝脏最常见的良性肿瘤，在体检中经常见到，其中以海绵状血管瘤最多。

肝上长了血管瘤该怎么办？

第一，肝血管瘤的生长速度缓慢，肿瘤大小可数年不变，大多数血管瘤几乎没有什么症状。常规超声检查诊断肝血管瘤的准确率较高，诊断明确后每年1次超声复查就可以了，直径小于50毫米的血管瘤一般不需要进行特殊治疗。

第二，常规超声表现不典型的血管瘤可采用超声造影进一步检查。超声造影对人体安全无害，短期内可重复检查，超声造影剂不会在体内蓄积，一般在静脉注射数分钟后即从肺呼出，无肝肾毒性，也不会影响甲状腺功能，发生危及生命的过敏反应的概率极低（约为0.001%）。

第三，有少数患者发现血管瘤后，在随访中发现血管瘤增长速度较快（每年直径增长大于20毫米），或肿块太大挤压了正常肝组织，或压迫到邻近的正常器官引起上腹部不适，如食欲不振、饭后饱胀感、恶心、呕吐等，这些情况建议尽早治疗。目前治疗方式有手术治疗和非手术治疗：手术治疗方法有外科手术；非手术治疗有经肝动脉栓塞治疗、微波消融、射频消融等。

总的来说，大家发现肝血管瘤时不要慌，它是一种良性疾病，不会发生癌变，不会对人的健康和生命有什么大的危害。极少数会发生破裂。日常生活中应注意休息，合理饮食，避免剧烈运动，一般定期随访就可以了。

图29 肝血管瘤是良性疾病

（插图：王怡婷）

（魏珊红）

小心肝的"隐形杀手"——肝癌

肝脏是我们人体最重要的代谢和解毒器官,是我们的"小心肝",我们的"小宝贝"。

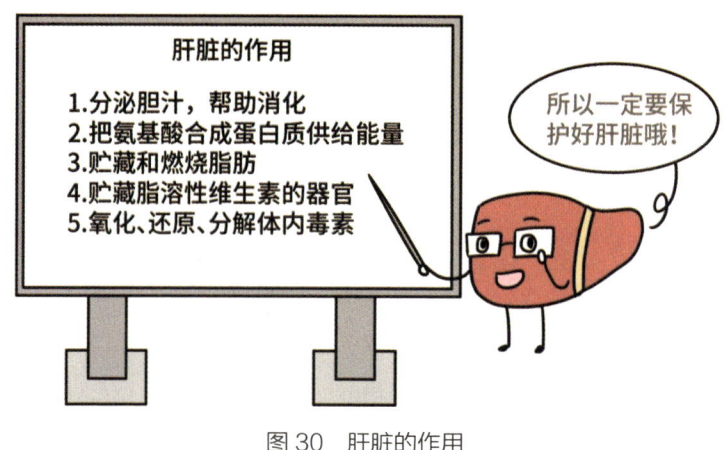

图 30　肝脏的作用

然而肝病在我国一直是高发病和常见病,其中最凶险的是肝癌。我国肝癌的发病率及死亡率均位居全球首位,它发病隐匿,死亡率高,在我国恶性肿瘤发病率中居第 5 位,死亡率居第 2 位。肝癌死亡率高的原因主要是肝癌早期常无明显症状或症状无特异性,大部分病例发现时已是中晚期,治疗效果差,加之肝脏血供丰富,与人体的重要结构如下腔静脉、胆道系统等关系密切,以及肿瘤侵袭性高，生长快速，其治疗就更加困难了。

肝癌主要分为原发性肝癌和继发性肝癌（即转移性肝癌）。在我国，大多数原发性肝癌是在乙肝、肝硬化的基础上发展而来的，我国是乙肝发病率较高的国家，目前肝癌发病人数约占全球半数以上，已成为严重威胁人民健康和生命的一大杀手。由此可见，肝癌的早期预防、早期诊断、早期治疗尤为重要。

目前较为公认的流行病学及实验研究资料表明，乙型肝炎病毒（Hepatitis B Virus, HBV）和丙型肝炎病毒的感染、黄曲霉素（过期霉变的粮油及动物类食品）、饮水污染、酒精、肝硬化、性激素、亚硝胺类物质、吸烟等都与肝癌发病相关。其中病毒性肝炎、黄曲霉素和不良生活习惯包括疲劳等是肝癌的主要促成因素。

权威机构指出，男性35岁以上、女性45岁以上、慢性病毒性肝炎患者（包括慢乙肝、慢丙肝）、长期酗酒者、有肝癌家族史人群、各种原因导致的肝硬化患者等是肝癌高危人群，建议对这些人群进行定期体检筛查，每3~6个月进行1次，最长间隔时间不要超过1年。

肝癌虽然凶险，但也并非无法战胜。让我们养成良好的生活习惯，提高疾病预防意识，远离"杀手"、健康生活，让我们的"小心肝"，从此"肝肝净净"。

（江慧）

诊治转移性肝癌，超声也"大有作用"

"听说老家二婶最近确诊了结肠癌，检查发现已经肝转移了。"小王刚下班就告诉妈妈这件事，母女俩一个月前回老家看到她还好好的，这下就好像活不了多长时间了……两个人都唏嘘不已。这确实是一个坏消息！在老百姓的既往认知中，肿瘤肝转移基本上就没什么希望了。

肝转移癌是真的没办法医治吗？

肝脏是多数恶性肿瘤转移的多发地。随着医学的发展，除了手术治疗之外，分子靶向药和免疫治疗等新型治疗手段也逐渐成为转移性肝癌的治疗手段，再加上超声引导下的消融治疗也能达到精准治疗病灶的作用；种种手段单独或联合使用，现在转移性肝癌患者也有了疾病缓解和治愈的希望。

如何发现、诊断转移性肝癌？

常规的肝脏超声检查能发现 10 毫米以上的肿瘤，很多病症会表现出比较典型的"牛眼征"，如同"坏人"可疑的行为特征，我们超声"巡警"凭这些特征可以从"好人"里找出"坏人"。如果"坏

腹部超声热点问题

人"藏得比较深,这时可以使用一种更先进的工具——超声造影检查,它在诊断转移性肝癌上可以媲美增强 CT、MRI 检查的准确性,能发现大多数 10 毫米以下的转移病灶。通过超声造影检查,医生可以看到更多的特殊征象,比如"环状增强"或"黑洞征",这样超声"巡警"可以搜查到更多证据来进一步确认转移癌。

如何帮助临床选择治疗方案?

在发现肝脏转移灶后,最重要的是确定肿瘤来源。而超声引导下的穿刺活检,可以帮助医生进一步明确转移灶来源,从而选择更好的治疗方案。

超声引导下的穿刺活检同门诊的小手术一般,在对穿刺点消毒和局部麻醉后,医生在超声的实时引导下将穿刺针穿至肝内病灶处,随即会有"啪"一声清脆的响声,不用担心,这是全自动穿刺枪弹出穿刺针,成功取到一条组织的声音。通常医生需要 2~3 条组织以便得到可靠的病理检测结果。整个穿刺过程只需 10~20 分钟,安全快速。

不做手术也能消灭肿瘤吗?

在治疗肝脏转移病灶时,除了使用药物和手术治疗外,医生还可以使用一种特殊的方法来摧毁肿瘤,这种方法叫作局部毁损治疗,以射频消融和微波消融常见。这是通过最小侵入的手段达到消灭肿瘤的方法,这个过程可以看作是更高级的肝穿刺。不同消融技术时长不同,但是大多可在 10~20 分钟灭活病灶,相比手术,这样的方式更高效,还能达到近似手术的治疗效果。

综上,超声在恶性肿瘤肝转移治疗的各个环节中其实都扮演着重要角色。通过超声检查可以发现并诊断肝脏内的转移灶,超声引导下的穿刺技术可以帮助医生获取转移灶的病理组织样本,以便明确来源，从而选择合适的治疗方法。超声引导下的消融治疗是一种补充治疗方法，可以精准地摧毁病灶。

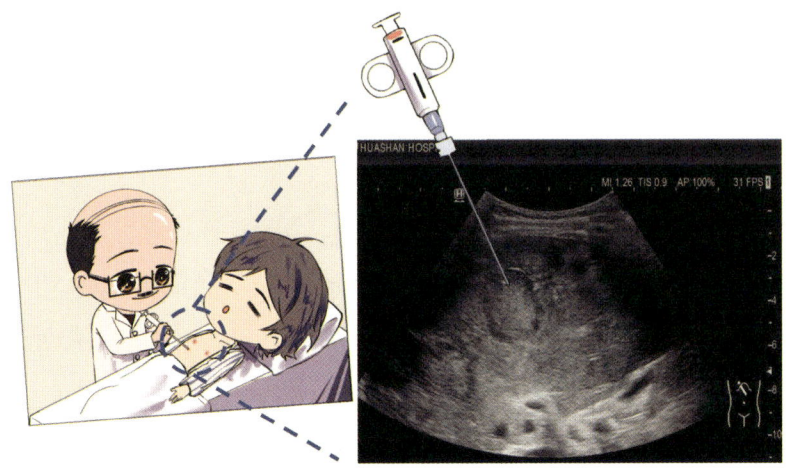

图 31　超声引导下肝占位穿刺活检示意图

（张炜彬　李艳嫣　丁红）

换了"新"肝，还需超声保驾护航

说起王大伯，大家都觉得他太不容易了。他患慢性乙型病毒性肝炎20多年，后来又进展成肝硬化，反反复复治疗效果也不好，苦都受尽了。今年听说他来了个彻底的治疗，做了肝移植手术，把原来的肝给换了，带着"新"肝重新生活了。大家都替他开心，他自己也非常高兴。高兴之余他又有些担心，出院时医生要求他每月来医院复查超声，他想不是换的肝有问题吧，为什么要这样检查呢？正好王大伯的隔壁邻居就是超声科刘医生，带着种种疑问，王大伯敲开了刘医生家的门咨询起来。

为什么肝脏都换好了还要经常做超声呢？

由于肝移植术后早期处于并发症发生的高风险阶段，有些并发症是很严重的，如大量腹腔出血，胆漏、肠漏，肝动脉或门静脉闭塞等，需要马上剖腹探查或介入处理，以挽救移植肝及患者生命，所以及时诊断非常重要，超声也就成为肝移植术后临床最为依赖的检查，术后早期需要经常做甚至每天做。

另外有些移植肝并发症是逐渐发生的，或在术后中后期才偶然发生，比如门静脉、肝静脉吻合口狭窄，胆管狭窄，胆泥形成等，这时也需要定期的超声随访,才能及时发现问题。

那隔多久就要复查1次超声呢?

答:术后不同时间段检查频率是不一样的。肝移植术后第1周一般每天做1次移植肝超声,连续做7天。第2周根据患者情况,每隔一两天或两三天检查1次。出院后半年内每2个月至少检查1次;半年以上每3个月检查1次。如果移植2年以上,像王大伯这样,只是因为肝硬化做移植,没有肝肿瘤病史,超声复查时间可以间隔再长一些,半年完成1次超声检查就可以了(图32)。

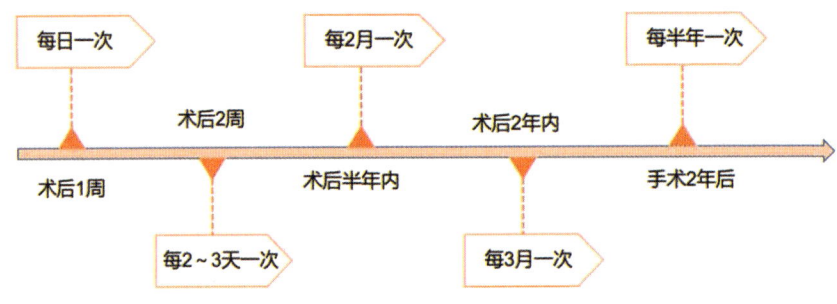

图32 肝移植术后超声检查频率图

去做移植肝超声检查,还需要禁食禁水吗?

理论上因为肝移植时都会切除胆囊,所以移植肝超声检查前无需禁食(禁食主要是为了评估胆囊情况)。但因餐后有可能出现腹腔胀气及食物干扰,所以还是建议成人移植肝超声检查前尽量空腹,但可饮水排出胃肠气体,以更好地评估腹部血管及肝脏情况。

如果移植肝超声检查正常,是不是就不用化验肝功能了?

移植肝超声检查结果并不能直接反映肝功能。了解肝功能情况还是需要抽血化验。肝功能主要是反映肝脏在细胞水平的代谢,而超声观察的是移植肝各种血管及胆管形态及血流动力学变化，两种检查评价的项目是不一样的，不能互相取代。

这次移植肝超声检查数据与上次不一样，这是有问题了吗？

超声检查有主观的因素，不同检查医生甚至同一医生不同次测量都可能有误差。超声检查结果的判读，还是应该交给专业医生。移植科医生会结合化验结果及其他检查来综合判断。患者和家属就不要自己琢磨了，也不要上网搜索一些不专业的答案。

听到这里，王大伯完全明白了，连连点头称是，高高兴兴回家了。

专家寄语

肝移植术后切记要遵照移植科医生的嘱咐，定期到医院做超声检查，不能抱有侥幸心理。有很多异常是逐渐发生的，一次检查没问题不代表以后就没问题，但只要定期超声检查就可以及时发现问题，及时处理。要记住，超声能为您的"新"肝保驾护航！

（韩红）

胆胰脾超声

胆大切莫妄为，以免乐极生悲

李老伯年近七旬，胆结石病史几十年，一直没什么明显症状，偶尔餐后右上腹隐隐不适，但很快就能缓解。早些年他去医院检查过几次，超声检查除了提示胆囊有些偏大，并无其他异常。鉴于老李还合并有糖尿病和高血压，医生每次都叮嘱他要注意饮食，趁早手术，以免后患，他却始终犹豫不决，一来是对手术的畏惧，二来身边不少同样有胆结石的朋友没有开刀也依然自在潇洒，加上日子久了，病情始终未有进一步发展，医生的提醒也慢慢成了"狼来了"的警报，逐渐变得不以为然了。今年李老伯七十大寿，亲友相聚儿孙满堂，欢快的气氛烘托下不免多喝了几杯，尽兴而归。没承想第二天就觉得腹部胀痛不适，坚持了几天腹痛不但不见缓解，反而逐渐加剧，家人赶紧连夜将他送到医院。

急诊室里，老李面容痛苦，右上腹压痛明显，血液分析显示白细胞升高，胆红素升高，肝功能指标也有异常，腹部超声提示胆囊明显肿大，内部胆汁透声差，胆囊壁水肿增厚，胆囊颈部可见结石，不随体位改变移动，综合上述表现，医生诊断为急性化脓性胆囊炎。

急性胆囊炎是临床常见的急腹症，多数患者合并有胆囊结石。

病情轻的单纯性胆囊炎可选用药物治疗，症状明显的应及时手术治疗。但是，像老李这样的老年患者，胆结石病史较长，临床症状不典型，机体反应比年轻人迟缓，病情往往复杂、进展快。原本胆囊偏大就存在胆汁排出不畅的情况，不恰当的饮食会刺激胆囊收缩，加速胆汁分泌，结石也会顺势排出。一旦结石卡在胆囊颈部，胆囊管突然受阻，会造成胆囊内压力升高，胆汁淤积，大量细菌繁殖。如果胆囊管梗阻无法及时有效地缓解，病变会累及整个胆囊壁，导致囊壁增厚、血管扩张、浆膜渗出，很容易引起胆囊穿孔或者坏死，危及生命。

急性炎症期的胆囊常出现充血、水肿以及解剖不清等情况，此时手术容易损伤胆管及血管，还可能造成肝脏出血等严重并发症；而多数老年人常合并一些基础疾病，炎症反应难以控制，麻醉风险大，急诊胆囊切除术的病死率高达14%~19%。因此，对于老李这样的情况，急诊手术不是首选治疗措施，积极处理胆囊管梗阻以及胆囊内胆汁淤积才是治疗的关键。

在急诊医生的安排下，老李很快就被送到介入超声手术室行胆囊穿刺置管引流手术。超声引导下胆囊穿刺置管引流术创伤小、花费少、安全性高，是一种方便、有效的胆道持续引流减压的手术方法。通过经皮经肝脏胆囊引流，能快速降低胆囊压力，最大限度地缓解患者的临床症状。随着超声实时引导，超声医生用一根直径2~3毫米的引流管穿过皮肤、腹壁和部分肝脏，置入胆囊腔内，将胆囊内高压的脓液引至体外。术后超声复查显示，胆囊内胆汁明显减少，引流管内的胆汁性质也从脓性逐步转为正常，全身炎症反应及肝功能损害也得到有效缓解。

李老伯终于转危为安，后续待病情稳定后还需再行外科手术切除，彻底解决胆囊结石的隐患。介入超声的蓬勃发展为越来越多的病患解除了燃眉之急，成为临床医生的定海神针和坚强后盾。老李的故事讲完了，故事背后的教训值得老年朋友们认真吸取，发现胆囊结石要及时就医，切忌暴饮暴食，要遵照医嘱处理，切勿因一时大意，乐极生悲，酿成大祸。

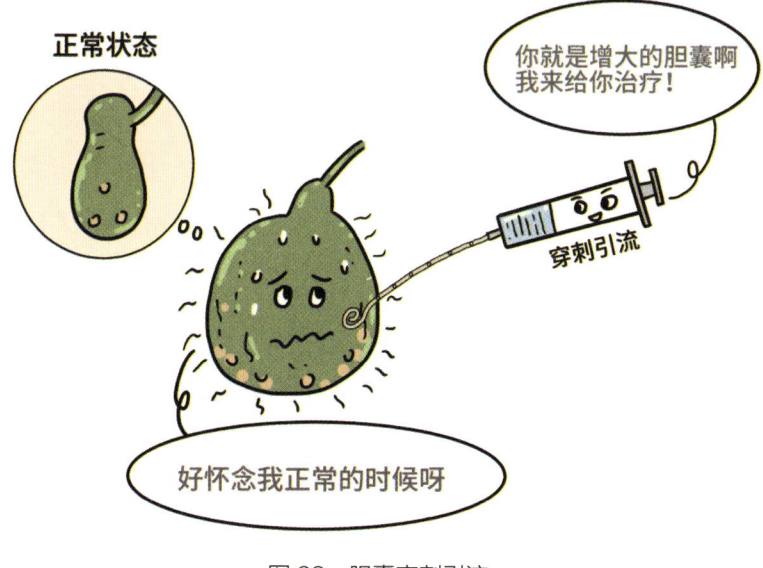

图33 胆囊穿刺引流

（夏军生）

胆囊里面长息肉危险吗?

随着大家生活水平的提高和健康体检的普及,有越来越多的人会在超声检查时发现胆囊息肉,很多人被检查结果吓到,"胆囊息肉!""这是什么毛病?是肿瘤吗?""会恶变吗?""我该怎么办?"

胆囊息肉究竟是什么呢?

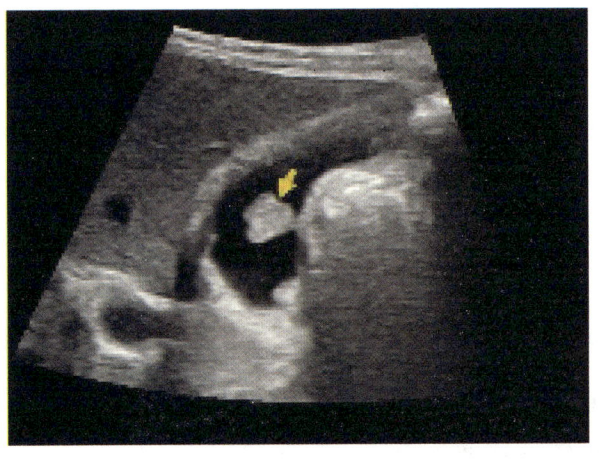

图34 灰阶超声显示胆囊息肉(箭头)

图34是我们经常见到的一张超声图像。图中黑色区域,像一个囊袋,它就是传说中的"胆囊",而箭头所指的东西,就是胆囊息

肉。它像一颗葡萄一样，由一根细蒂连接，挂在胆囊壁上，随着我们身体转动方向，它还会晃来晃去，但是不会脱落。严格来说，胆囊息肉并不是一个病理上的标准诊断名词，它是指形状像息肉一样的病变，这些病变中包括胆固醇性息肉、炎性息肉、腺肌增生症、胆囊腺瘤、早期的胆囊癌等。其中最多见的类型是胆固醇性息肉，其次是胆囊腺瘤和腺瘤伴不典型增生。

胆囊息肉是怎么形成的呢？

我们先来说说最多见的胆固醇性息肉。胆囊胆固醇性息肉是一种非肿瘤性息肉，它是由于我们身体内部胆汁代谢紊乱，造成胆固醇沉积在胆囊壁，并被胆囊壁细胞吸收而逐渐形成的。肥胖、血脂高、脂肪肝的患者易发生。胆固醇性息肉通常来说极少恶变，因此不必过度担心。

胆囊腺瘤性息肉就比较麻烦一些，它的发生机制目前不是很明确。胆囊腺瘤是一种肿瘤性息肉，易发生不典型增生和恶变。

得了胆囊息肉怎么办呢？

目前来说，对于小于20毫米的胆囊息肉，根据影像学检查准确区分胆固醇性息肉和腺瘤非常困难。所以为了更早地鉴别出胆囊腺瘤和早期胆囊癌，根据不同的息肉大小，临床上分别采取了不同的策略。

对于8毫米以下的细蒂胆囊息肉，每1年或半年复查1次彩超即可。胆囊息肉如果基底比较宽、血供比较丰富，则建议密切观察，3个月到半年复查彩超1次。

以下情况有腺瘤或恶变可能，要考虑手术治疗：①息肉大于10毫米，单发，无蒂；②小于10毫米，但是伴有胆囊结石和胆囊炎；③息肉生长迅速，半年增大超过3毫米；④患者年龄大于50岁。

胆囊息肉患者日常生活中要注意什么?

胆囊息肉患者的饮食最好以清淡易消化食物为主,避免摄入过于油腻的食物,如肥肉、烧烤等。胆囊息肉一般没有特别有效的药物治疗方法,但如果息肉比较小,怀疑是胆固醇性时,可以尝试用熊去氧胆酸治疗。当怀疑为胆囊腺瘤性息肉时,则需要密切观察,吃药效果不大,最好做手术切除。

图 35 胆囊息肉和胆囊肿瘤

(袁海霞)

解密癌中之王，超声"胰"探究竟

李叔叔为人豪爽，平日里喜欢大块吃肉、大碗喝酒。最近几个月总是觉得肚子隐隐作痛，胃口不好，不过尚能忍受，想想去医院看病吧，挂号排队又要做一堆检查，实在麻烦，就一直拖着。最近他发现皮肤越来越黄了，邻居称他是"小金人"，这才慌了，去医院做了腹部超声检查，竟然被诊断为"胰腺癌"。胰腺是什么？怎么会长肿瘤呢？这些问题难住了李叔叔。

胰腺是人体的第二大消化腺体，形态上像是一个扁平狭长的蚕形腺体，横卧在中上腹部，在胃的后方，位于腹膜后第1~2腰椎平面。结构上，分成胰头、胰颈、胰体和胰尾4个部分。功能上，胰腺具有内分泌和外分泌功能。外分泌功能主要分泌胰液，从胰管排出到十二指肠，帮助人体消化糖类、脂肪、蛋白质等营养物质。内分泌功能主要分泌胰岛素和胰高血糖素，调节血糖动态平衡。

相对于肝癌、乳腺癌等恶性肿瘤，人们对胰腺癌比较陌生。2011年，美国苹果公司创始人乔布斯因罹患胰腺癌离世，将胰腺癌带入大众视野。在国内，众所周知的港星"肥姐"也因胰腺癌告别这个美好的世界。

胰腺癌被称为"癌中之王"，是一种恶性程度极高的消化道肿瘤，由于胰腺癌发病率相对较低，约十万分之十五，胰腺的位置较为隐蔽，尤其是胰头被十二指肠包裹，常规超声体检难以直接观察胰头，而且早期胰腺癌缺乏明显症状，病程隐匿，早期诊断比较困难，部分患者确诊时已经处于中晚期。即便是早期接受手术的患者，术后复发率高，加上化疗、免疫等抗癌治疗对胰腺癌效果差，导致胰腺癌在常见癌症中死亡率最高，患者预后极差，5年生存率低于1%。

胰腺癌的危险因素有哪些呢？急性胰腺炎或慢性胰腺炎病史、长期高糖高脂肪饮食、吸烟、饮酒、幽门螺杆菌感染等。因此，有上述高危因素的人群，应进行每年1次的常规体检。而且，5%~10%的胰腺癌具有遗传倾向，有直系亲属罹患胰腺癌的人群，也需进行胰腺的常规检查。

此外，有上腹不规则疼痛、消化不良、食欲不振、短期内体重下降、面部皮肤发黄、小便颜色变黄、大便呈陶土状以及血糖突然升高等症状的人群，需警惕可能是胰腺癌的信号，也应及时到医院检查胰腺。

超声是检查胰腺最常用的方法，具有实时成像、无辐射、可重复检查等优点。在超声检查前，患者需要空腹8~10个小时。通常，为了清晰显示胰尾的结构，检查医师会嘱咐患者检查前饮水400~500毫升。

在常规超声成像上，胰腺癌主要表现为低回声团块，内部回声不均匀，边界不清，形态不规则，向周围组织浸润性生长。肿瘤较大时，会压迫胆总管、胰管等结构，造成胆囊肿大、胆总管扩张、主胰管扩张，部分胰腺癌在发现时，就合并肝转移、腹膜后淋巴结转移，即在肝脏内见多发低回声团块，腹膜后低回声淋巴结融合成团。这些都是诊断胰腺癌转移的间接征象。

在彩色多普勒超声上，一般较小的胰腺癌病灶很少能检测到血流信号，较大的病灶有时可在病灶的内部或周边检出少量的血流信号。

近年来，超声造影的应用显著提高了胰腺癌的检出率和确诊率。根据造影剂在胰腺的循环时间，分为动脉期、静脉期和延迟期。由于癌组织内存在大量的纤维组织间隔，微血管的相对密度低于正常胰腺组织，在动脉期，肿瘤组织的增强程度低于正常的胰腺组织，呈低增强，与周围正常胰腺组织形成明显对比，肿瘤的轮廓更加清晰。在静脉期及延迟期，肿瘤组织的减退程度快于周围胰腺组织，即典型的恶性肿瘤"快进快出"的特征性表现。

温馨提示

即便是应用超声造影，对于小于10毫米的病灶以及胰腺轮廓变化不明显的胰腺癌，比如：胰腺钩突部肿瘤、胰体及胰尾部的肿瘤，仍然可能显示不清。因此，必要时需加做增强CT或MRI进一步检查。

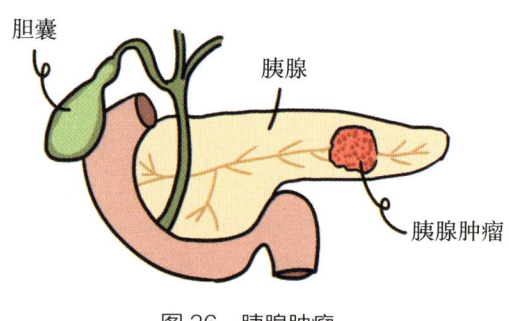

图36 胰腺肿瘤

（陈凯玲）

胃疼吃药不管用？小心胆囊结石作怪

张阿姨近年来经常感觉"胃痛"伴有嗳气、腹胀，时不时还痛得睡不着觉，发作的时候就吃一些胃药，感觉时灵时不灵。尤其最近几天每天都痛，无法入睡，最终还是忍不住，决定到医院好好检查一下。医生通过详细询问病史和疼痛的特点后，决定让她做一个超声检查，一个小时后结果明确了——胆囊结石。真相大白！原来是胆囊结石在作怪！

为什么胆囊结石会出现"胃痛"呢？

这要和胆囊和胃肠的功能说起，胆囊的功能是储存肝脏生产的消化液——胆汁，胃肠是消化食物的主要场所。因此，为了更好地消化食物，实现胆囊和胃肠的功能联动，它们由共同的神经支配；同时，胆囊和胃、十二指肠位置相邻，所以，当胆囊有了病痛，就很容易让人误认为是胃痛，进而认为仅仅是吃坏了肚子，吃点胃药对付一下就可以。其实不然，大多数的胆囊结石患者，或多或少都有消化不良的症状，比如嗳气、腹胀、饱胀感、恶心、厌油等，但是胆结石的疼痛与胃痛还是有些差别的，胆囊结石的疼痛表现为胆绞痛，主要在右上腹部，有时候放射到右肩部，而胃痛主要出现在中上腹部。

胆囊结石是怎么损害身体的呢？

俗话说"咬人的狗不叫"，这胆囊结石就像不叫的狗，大多数情况下胆囊结石呈静止状态，但每一次进食后，胆囊结石会随着胆囊的收缩排泄胆汁活动而滚动，次数多了，就可能阻塞胆汁排出胆囊管或胆总管，从而引发一系列病症，这一过程，大致可分为三个阶段。

第一阶段，结石成形时，此时患者常无明显的症状或只表现为轻微的、不典型的消化道症状，早期细小的泥沙样结石可以随胆囊的收缩活动排出胆囊，如果小结石未经胆囊管排出，便会在胆囊内继续增大或聚集成团，形成更大的结石。

第二阶段，结石发威时，该阶段结石不大不小、数量又多，容易堵塞胆囊管或胆总管，同时会伴随胆结石的标志性症状——胆绞痛。堵塞发生后，胆汁无法正常排出，胆囊内压力升高，高浓度、高压力的胆汁会损害胆囊黏膜，引起急性胆囊炎。部分结石引起的梗阻也会逐渐缓解，急性胆囊炎逐渐转变为慢性胆囊炎，在这一过程中同时伴随着胆囊收缩功能的减退或丧失。

第三阶段，城门失火，殃及池鱼。该阶段结石较大，数量亦多，胆囊功能也逐渐丧失，如果患者年龄较大，身体状况变差，免疫功能下降，结石发作后会出现一些严重的并发症，比如胆囊积脓、梗阻性化脓性胆管炎，甚至胆囊穿孔形成胆囊肠道内瘘，引起肝脏功能损害或者演变成胆囊癌等。此阶段是胆囊结石这颗定时炸弹即将爆发的阶段，也是最容易发生生命危险的阶段。

小痛不要忍，就医要及时

疾病总是会给人体带来各种疼痛，而在面对疼痛时，很多人选择了忍耐或者吃点药来对付，但这种想法有明显的错误，就像张阿姨把胆囊结石的胆绞痛当胃痛来治疗，实则是延误病情。早期的胆囊结石症状不典型，无症状类结石甚至都可以不用治疗，但是结石发展到后期，出现严重的合并症也会要了患者的性命。因此，我们建议一旦发现有胆囊结石，要做好每半年1次的定期复查，以明确结石的数量、大小、位置以及胆囊的功能，切莫因为没有症状而忽视了它的危害。

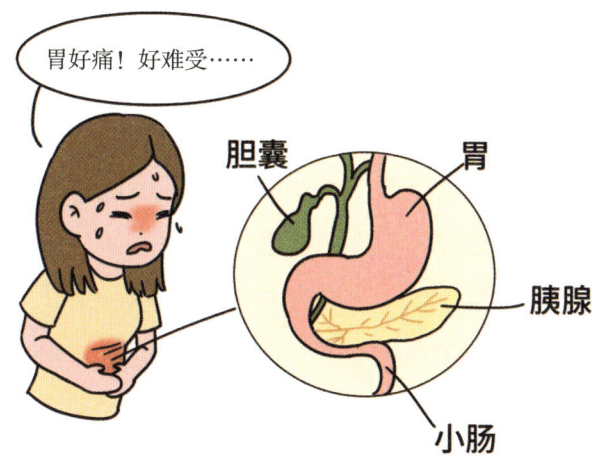

图37　胆绞痛易被误认为胃痛

（王彦和　邢晋放）

"脾肿大"是怎么回事？

近日，小王因腹部不适去医院就诊，门诊医生在一番详细问诊和体格检查后，开具了腹部超声检查单。超声医生对小王进行了肝脏、胆囊、胰腺及脾脏的超声检查，结果提示脾肿大，肝脏、胆囊及胰腺未见明显异常。检查完小王产生了疑问，脾肿大是什么病？又是怎么形成的？是腹部不适的原因吗？

什么是"脾肿大"？

脾脏是人体最大的免疫器官，是人体免疫的中心，就像一名免疫卫士，时刻为我们的健康建立一道重要防线。脾脏也是我们的"血库"，集储血、造血功能于一身。同时，脾脏还担负着"过滤清洁"的任务，清除血液中衰老的红细胞和血小板，使我们的血液成分保持"新鲜"状态。

脾脏位于人体左上腹部，在左季肋区后外方肋弓深处。别看它藏在肋弓深面，可依旧是一个很脆弱的器官，受到剧烈碰撞会破裂出血，危及生命。

脾肿大是指脾脏体积的增大，这一重要体征往往涉及多种疾病。

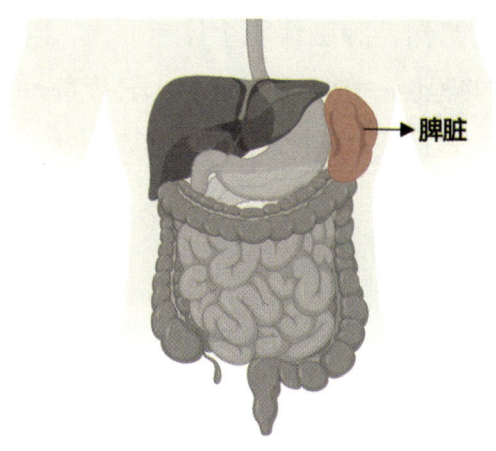

图 38 脾脏位置示意图

脾肿大,如何形成?

脾肿大的主要病因可分为感染性和非感染性。感染性可见于病毒、细菌、寄生虫、真菌感染等;非感染性可见于风湿性疾病、血液病、肝硬化等原因引起的淤血性脾肿大、原发性脾肿瘤等。

脾肿大往往没有明显的不适感,很多患者是在偶然的检查过程中发现了脾脏体积增大。当脾脏显著增大并对其他脏器造成压迫时,就会产生腹胀腹痛、恶心呕吐、排便异常等症状。

脾肿大,如何诊断?

临床中,常常通过医生体格检查触诊和超声、CT或MRI等影像学检查对脾脏进行评估。超声检查无辐射,可以多角度、多方位、动态直观地检查脾脏,是明确脾肿大诊断的重要检查方式。在临床上,满足以下条件之一,即可诊断为脾肿大:①成年人,脾脏厚度>40毫米,长度>120毫米;②婴幼儿和儿童,脾和左肾长径比值大于1.25;③脾下缘超过肋缘,前缘贴近前腹壁,脾内缘向腹部正中生长,接近腹主动脉。

脾肿大时,超声检查可显示脾脏形态饱满,体积增大,脾门静脉内径>8毫米。当然，脾脏体积个体差异大，与身高、体形等密切相关。脾肿大的程度一般可划分为：①轻度脾肿大，深吸气时脾下缘可触及但不超过肋下20毫米；②中度脾肿大，脾下缘超出肋下20毫米，在脐水平线以上；③高度脾肿大，即巨脾，脾下缘超出脐水平线或脾右缘超出前正中线。

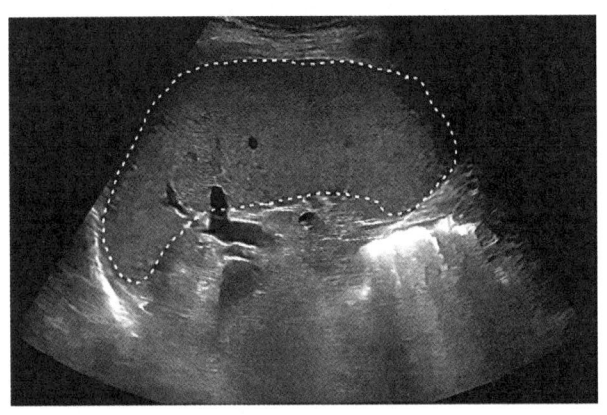

图39　肿大的脾脏超声图像，虚线所示为脾脏大致形态

小结

（1）超声检查是明确脾肿大诊断的重要检查，也是辅助诊断各种脾脏疾病的重要影像学检查，安全经济，无辐射，可在短期内重复多次检查，能够获得实时动态、直观的脾脏影像。

（2）脾肿大是指脾脏体积的增大，成年人诊断脾肿大的标准为脾脏厚度>40毫米，长度>120毫米，可由感染性和非感染性因素引起。

（3）如果发现脾肿大，轻度肿大者不必惊慌，中度及高度肿大者建议就诊查找原因，根据病因制订治疗方案，这样才能从根本上解决问题。

（胡文洁　丁红）

泌尿器官超声

出现血尿怎么办？超声帮您揪出"真凶"

"医生，我体检发现小便里有红细胞，这是什么原因啊，严重吗？"

"医生，我这两天小便颜色很红，吓死人了，是不是有什么大问题了？"

日常工作中常常会遇到血尿的患者，医生往往会让患者去做个超声检查，那么血尿是什么？为什么要做超声检查？让我们一起了解下这方面的知识。

什么是血尿？

正常人尿液中可含有少量红细胞，尿液离心后沉渣在显微镜下观察，当每高倍视野下有≥3个红细胞，则称为血尿，一般分为以下两种：

（1）镜下血尿：尿的颜色正常，但在显微镜下能观察到红细胞。

（2）肉眼血尿：肉眼即可观察到尿液为红色、洗肉水样或者有血块，通常每1000毫升尿液中含血量>1毫升时，就表现为肉眼血尿。

正常尿液　　　　　镜下血尿　　　　　肉眼血尿

图 40　正常尿液及血尿示意图

血尿的病因

血尿通常提示泌尿系统病变，其中膀胱病变是引起血尿的常见原因，以下膀胱病变均可以导致血尿。

（1）膀胱炎：膀胱炎好发于女性，由于炎症累及膀胱黏膜，毛细血管破裂而引起，常伴有尿频、尿急、尿痛。

（2）膀胱结石：膀胱结石在老年男性中较为常见，结石在膀胱内可随体位改变而移动，与膀胱黏膜发生摩擦，致黏膜表面毛细血管破裂，常伴有排尿疼痛。

（3）膀胱肿瘤：膀胱肿瘤好发于 50~70 岁男性，由于肿瘤侵犯血管，导致血管破裂，引起血尿，典型表现为无痛性全程肉眼血尿，常为间歇性，出现血尿后，一段时间可消失，过几天后再次出现。

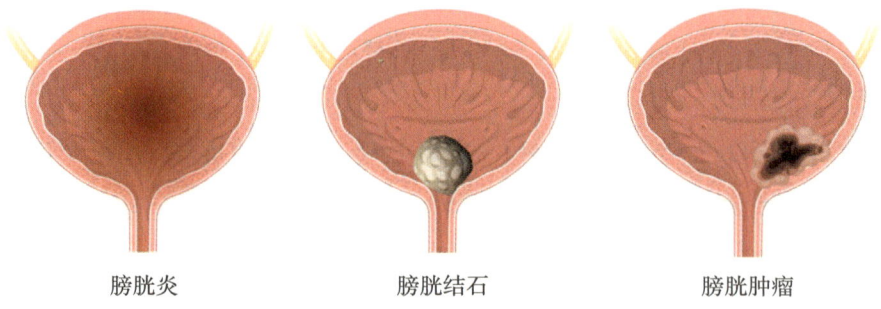

膀胱炎　　　　　　膀胱结石　　　　　膀胱肿瘤

图 41　引起血尿的常见膀胱病变

除膀胱病变外，肾脏疾病（如急慢性肾炎、肾结石、肾肿瘤）、全身性疾病（如过敏性紫癜、系统性红斑狼疮、败血症）和剧烈运动等也会引起血尿。

一些食物（甜菜、番茄叶及红心火龙果等）和药物（华法林、利福平及甲硝唑等）可以使尿的颜色发红，经期或产后女性的尿液中可能会混入血液，这些情况为假性血尿，应注意与真性血尿进行鉴别。

出现血尿做什么检查？

1. 尿常规

尿常规是泌尿系统疾病筛查的常见手段，对血尿的确诊及鉴别诊断有重要意义。

注意事项：年轻女性应避开月经期，最好留取晨尿和中段尿，尽量在采集后 2 小时内送检。

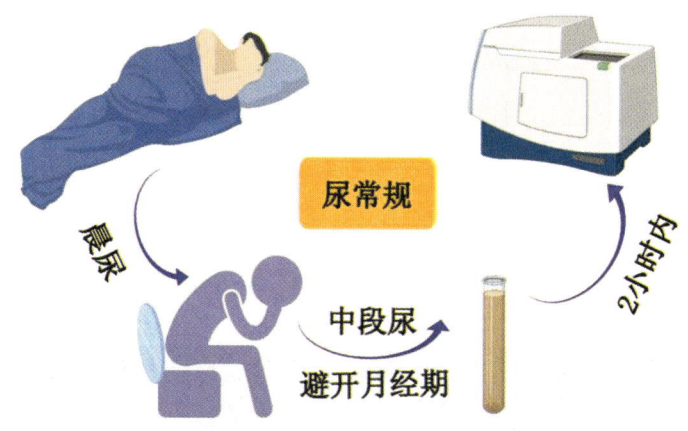

图 42 尿常规注意事项

2. 超声检查

超声检查简单、无创且经济，是膀胱病变筛查最常用的影像手段。

检查前准备：膀胱超声检查前需要饮水憋尿使膀胱适当充盈，才能清楚显示膀胱壁及腔内的情况。

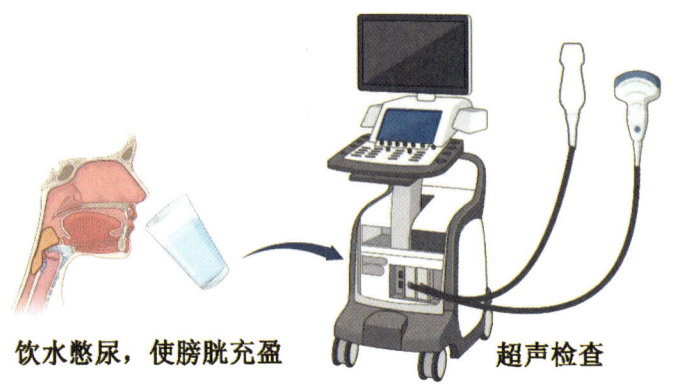

饮水憋尿，使膀胱充盈　　超声检查

图43　超声检查前准备

超声表现：急性膀胱炎膀胱壁可无明显异常，膀胱内可见沉积物；慢性膀胱炎膀胱壁多毛糙增厚（图44A）。膀胱结石通常表现为贴附于膀胱壁的强回声团，后方伴声影，并随体位改变而移动（图44B）。膀胱肿瘤多表现为膀胱壁结节状或菜花状隆起，与膀胱壁分界不清，彩色多普勒血流成像可显示其内部血流信号（图44C）。

对于那些不能长时间憋尿、膀胱充盈不佳的老年患者，经直肠超声检查也是不错的选择。经直肠超声检查能清楚显示膀胱三角区、膀胱颈和前列腺，近距离观察肿瘤基底部，判断肿瘤浸润深度的价值优于经腹部超声检查。

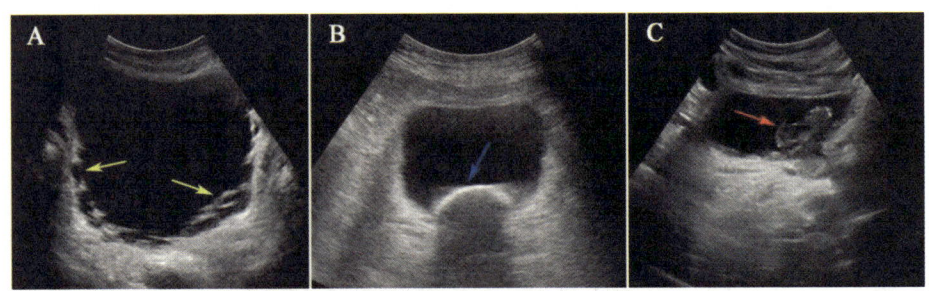

图44　A：慢性膀胱炎；B：膀胱结石；C：膀胱肿瘤

当发现血尿时，不要慌张，在排除食物、药物及尿液污染的情况后，多次复查均为血尿时，应进一步检查，明确病因。超声检查可以简单快速地识别泌尿系统病变，为临床提供重要的诊断和治疗依据。

（裘之瑛　乔晓慧　丁红）

痛风患者为什么要进行肾脏超声检查呢？

傍晚和三朋两友在街头享受冰啤酒配海鲜已成为很多人在炎炎夏日里消遣放松的不二选择。然而在享受美味的同时，痛风可能也悄悄盯上了你。近年来随着人们生活习惯及自身代谢的改变，痛风成为继"三高"（高血压、高血脂、高血糖）之后又一常见慢性疾病，对罹患该疾病患者的身心健康和生活质量造成了很大的影响。

痛风急性发作期常伴有难以忍受的关节红肿和剧痛等症状，令痛风患者谈其色变。许多患者描述"大脚趾像被撕咬一般的疼痛"，但事实上痛风对身体的影响并不仅限于关节，肾脏也是痛风的攻击对象。痛风是由于嘌呤代谢紊乱导致的代谢综合征，引起我们常说的尿酸结晶的沉积。这些小的结晶除了会在关节及周围软组织中沉积外，还会沉积到肾小管及肾间质中，造成痛风性肾病。随着痛风的反复发作，这些结晶在肾脏中越积越多，日积月累造成肾功能的损伤，情况严重时甚至会导致肾功能衰竭。然而由于痛风对于肾脏的影响并不如关节症状明显，早期并无特异性表现，甚至部分因肾脏病而就诊的患者对于自身高尿酸血症或痛风并不知晓。

说到这里，可能一些痛风患者就会产生疑虑，通过什么方法能够知道自己的肾脏有没有受到影响，以及后续如何随访以防痛风引起严重的肾损害呢？我们的超声不仅能观察到手足关节处的变化，还可以对痛风患者的肾脏起到"监督员"作用。对于痛风患者，尤其是病程较长者我们建议定期进行肾脏超声检查。超声可以早期发现肾脏结晶及小结石，检测到有无肾囊肿、判断有无肾积水。超声还可以通过观察肾皮质回声有无增强、肾脏大小及形态有无异常来间接提示有无慢性肾脏病改变。

此外，痛风患者平时还可以多留意自己的尿液颜色有无变化、有无泡沫尿以及有无夜尿增多等小便习惯的改变，如若发现异常，应及时就诊。痛风患者在接受药物治疗的同时还应该调整饮食习惯，减少高嘌呤食物摄入，坚持科学运动，"多管齐下"，守卫好我们的"血液净化器"。

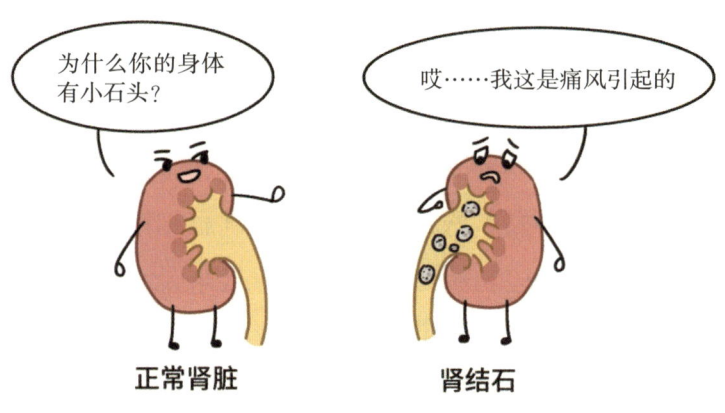

图 45　痛风可引起肾结石

（王丽璠）

体检发现前列腺钙化灶，会是前列腺癌吗？

随着人们生活质量的逐步提高，常规体检已经越来越普及。老刘就是一名刚刚退休的工人，忙碌了大半辈子，突然闲下来了，就想检查一下自己的身体，准备好好享受一下自己的退休生活。检查结果出来了，发现体检报告提示"前列腺增大，前列腺内钙化灶"。老刘不放心，四处打听。邻居老王听说了，找到老刘和他说："这个钙化灶可不是什么好东西，我爱人就是乳腺结节里长了钙化灶，后来就去开刀了，半边乳腺都开掉了，开出来说是乳腺癌，特别严重！"听了这个，老刘不淡定了，乳腺里长钙化灶就可能是乳腺癌了。那前列腺也是个"腺"，里面长的钙化灶会不会也是前列腺癌呢？于是拿着体检报告就急匆匆地跑到医院看医生了。

对于男性朋友来说，前列腺钙化灶到底是什么？它和前列腺癌之间有联系吗？患有前列腺钙化灶对身体健康有什么影响呢？请看下文为您一一道来。

前列腺钙化灶是最常见的前列腺疾病之一，一般发病年龄在40~60岁。目前发病原因尚不清楚，可能与前列腺炎症、前列腺增生、前列腺退行改变、尿潴留、相关激素缺乏等因素相关。当各种原因引起前列腺腺管阻塞时，前列腺腺泡内脱落的上皮细胞、囊腔内的淀粉样小体以及前列腺液中所含的钙盐和磷酸盐便会逐渐沉积，形成前列腺结石，也就是所谓的前列腺钙化灶。

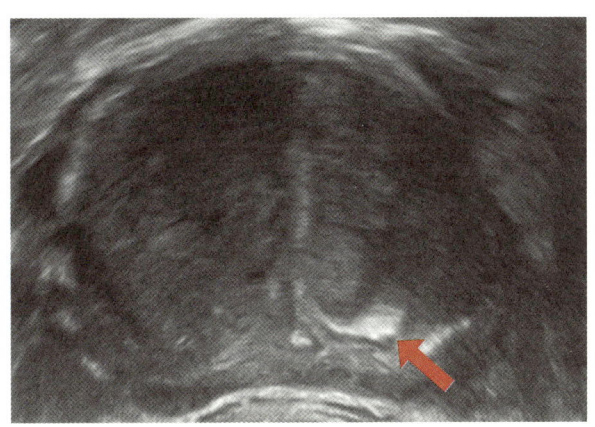

图46 前列腺钙化灶超声图像（箭头处）

那么，前列腺钙化灶和前列腺癌之间有联系吗？答案是没有必然联系。这点同甲状腺癌及乳腺癌有所不同，后两者如果结节中伴有钙化，多数意味着罹患恶性肿瘤风险的增加。前列腺癌的发生一般认为与血液中前列腺特异性抗原（PSA）的增加具有相关性。如果体检中发现血清PSA升高，结果大于4纳克/毫升，则需要到泌尿外科等专科门诊进一步检查，通过超声、磁共振以及穿刺活检等方法进一步排除前列腺肿瘤。

患有前列腺钙化灶严不严重呢？它与肾结石、输尿管结石不一样，基本不会造成尿路梗阻，几乎对人体没有危害。仅在合并前列腺增生或前列腺炎时可能会出现尿频、尿急、尿痛或夜尿增多的症状。简单来说，前列腺钙化灶大多是前列腺炎愈合后的疤痕，如果没有其他不适就不用太担心，一般不用治疗。当然，如果合并慢性感染或增生时，则可按慢性前列腺炎及增生的办法进行治疗。如果有顽固感染或反复发作的急性感染及严重梗阻时，则应及时到泌尿外科门诊就诊，并咨询专科医生。

总之，如果在体检中查出有前列腺钙化灶，不要过度慌张，没有临床表现的钙化灶不需要特殊处理，也不需要吃药治疗。如果有临床症状，请及时到正规医院就诊。

（孙逸康）

男性为什么上了年纪会起夜？

许多男性朋友过了50岁，有了新的烦恼：半夜里睡不踏实，总是要起夜上厕所小便，同时会出现小便未尽、小便无力的感觉。俗话说："当年迎风尿三尺，如今顺风淋湿鞋。"人们常常会问："这是我的肾不好了吗？还是膀胱出了问题？"那么，到底是什么地方出了问题呢？

在男性下腹部，膀胱和盆底肌之间（就是平时常说的小腹位置）有一个器官，叫前列腺。前列腺正常为一颗栗子大小，平时没有什么存在感。到了中年之后，随着体内激素水平下降，腺体会慢慢增生，就是老百姓常说的前列腺肥大了。因为它的位置比较重要，在膀胱和下尿路之间，增大的腺体会压迫膀胱和下尿路，出现种种不适，有尿的时候，小便排出来有阻碍，尿流变细，甚至出现分叉，同时膀胱受到压迫，就像有只无形的手一直按着，有一点点小便就有了尿意（屯不住尿），尿完之后总觉得有些小便没有排干净（残余尿量增多）。

超声是评估前列腺疾病最常用的检查手段，可以测量前列腺到底增大到什么程度（是正常栗子大小，还是大到像橘子，甚至像梨子）；可以评估膀胱功能（有无膀胱小房小梁，排尿后有无残余尿）；

可以为进一步的治疗提供依据（是药物控制，还是手术治疗）；甚至可以利用一些特殊超声检查（弹性超声、超声造影等）排除是否有前列腺肿瘤。因此，中老年的朋友们如果存在以上症状，请及时去医院就诊吧。

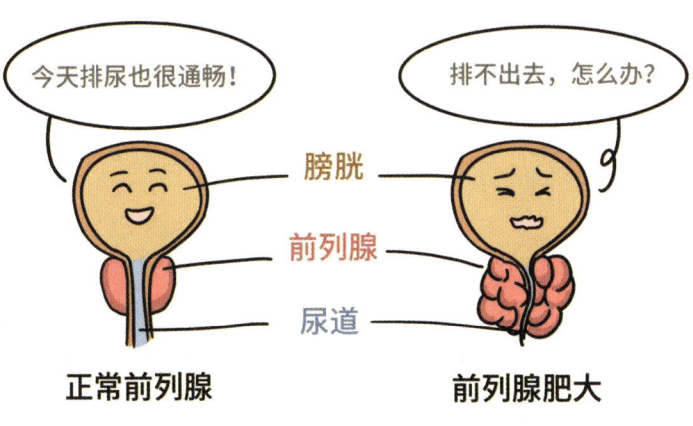

图 47　正常前列腺和前列腺肥大

（詹嘉）

老年女性也会有"前列腺病"吗?
——老年女性膀胱颈梗阻

图48 老年女性"前列腺病"

女性膀胱颈梗阻是指由尿道内口向尿道内延伸 1~2 厘米长度的管状结构发生梗阻，又被称为膀胱颈硬化症。主要表现为排尿困难费力、尿流变细变小，甚至出现间歇性中断，严重时还会出现肾积水及尿潴留，也就是膀胱里充满尿液却解不出来。与老年男性前列腺增生的症状非常类似，所以啊，这个病又被称为女性"前列腺病"。

继发性膀胱颈梗阻患者以老年人居多，多因为局部慢性炎症等导致的膀胱颈部纤维性挛缩，所以对于老年女性来说，要重视这种疾病的危害，如果老年女性出现不明原因的排尿困难时，一定要考虑膀胱颈硬化的可能。

超声检查及其他检查方法

（1）超声影像学检查。①通过超声检查可以有效地诊断老年女性膀胱颈梗阻：可以经由腹部、阴道、直肠进行检查获得不同角度的超声影像，膀胱颈部可见低回声区，结构明显增大（正常范围：左右径长度小于 15 毫米，前后径长度小于 10 毫米，周长小于 35 毫米），可向膀胱内突出，严重的患者可以出现肾积水、尿潴留等症状。②帮助鉴别诊断：老年女性患急性尿道炎同样会出现膀胱颈水肿增厚，急性炎症也会出现尿道壁全程水肿、内膜回声欠均等影像学改变，抗感染治疗后可通过超声判断膀胱颈部的增厚是否有所改善从而与急性炎症鉴别，同时也要与膀胱肿瘤进行鉴别。③超声检查简便无创，可以反复多次进行检查，有利于患者病情进展的随访以及临床对于治疗、术后疗效的评估。

（2）膀胱镜检查。通过膀胱镜可以见到膀胱颈部黏膜增厚水肿，颈部收缩、舒张活动减弱甚至消失。

（3）膀胱尿道造影。可以观察到排尿时，膀胱颈部开放因挛缩受限，颈部狭窄。

（4）残余尿量测定。可以通过超声检查测定排尿后膀胱内残余尿量来进一步判断膀胱颈梗阻的程度。

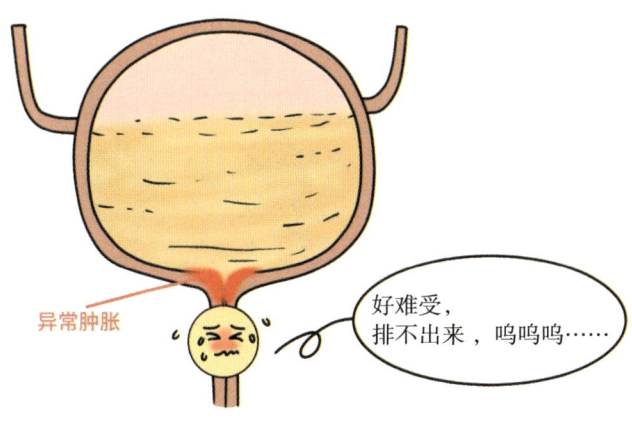

图 49　膀胱颈梗阻

（金佳美）

其他腹部超声

胃，你好吗？胃超声来为你解答

楼道里，老张没有像往常那样热情地打招呼，老李感觉有点奇怪，问老张怎么了？

老张皱着眉头说："最近老是肚子胀，有时还疼得厉害，去附近的地段医院看了说要做胃镜，可那检查太难受了！"

在三甲医院超声科工作的老李说："不想做胃镜可以到我们科先做个胃超声啊。"

老张的眉头稍微舒展了点："超声也能查胃？那太好了！"

……

胃超声检查能看什么？相较于其他检查，优势是什么？

胃超声检查借助胃窗超声造影技术，可以清晰显示胃的轮廓，胃腔、贲门、幽门及十二指肠，特别是显示胃壁的结构，同时还能实现对胃的蠕动、充盈、排空等功能的验证和检测。目前，胃癌诊疗规范指出胃肠超声检查可作为胃癌患者的常规影像学检查手段。

相对于胃肠超声，可能更多的患者听说和做过钡餐，它也是一种借助显影剂的检查，但钡餐借助于 X 线成像，具有电离辐射，且钡餐显影剂不太容易吞咽，有的人可能会出现不适的感觉。与钡餐相比，胃超声检查不仅完全没有辐射，且造影剂像芝麻糊一样十分"香糯"，易于吞咽。

胃镜是借助导管从喉咙进入胃内，主要看胃壁靠近胃腔表面的黏膜层，如发现病变能够即刻活检。与胃镜检查相比，胃超声检查则是从身体表面看进胃里，胃的里外都会看到，不需要像胃镜一样插管，操作过程类似普通的超声检查，整个过程十几分钟就可以完成。但要注意的是，胃超声作为一种初筛手段，在超声发现问题后还是需要做胃镜活检，胃镜仍然是诊断胃肠疾病的标准方法。

胃超声检查前需要做哪些准备？注意些什么？

胃超声检查需要在空腹状态下进行，为了获得清楚的图像以便观察胃的结构和功能，检查前一天晚餐要清淡，吃软一些的食物，比如烂面条、粥等。不要食用难消化及容易产气的食物，比如豆制品、各种肉类等。晚餐过后就不要再吃别的东西了，但是可以喝水。要注意的是，检查前4小时严禁饮食。

胃超声使用的造影剂主要是由玉米、大豆、薏苡仁等食物混合而成，如果患者对这些东西不过敏，那么服用后不会出现任何不良反应，如果患者对这些东西过敏，那么要提前告知医生，根据实际情况判断是否适合这项检查。另外，胃超声造影剂还有不含糖配方，糖尿病患者也可以放心食用。

什么样的人适合做胃超声检查呢？

超声安全无辐射，大人小孩都能进行检查，尤其适合孕期胃部不适的准妈妈、不想注射麻醉进行无痛胃镜的小朋友及老人。胃超声还适用于一些不适宜做胃镜的患者，例如食道狭窄胃镜无法通过的患者、有食管胃底静脉曲张的患者以及有严重心脑血管疾病的患者。胃超声是几乎人人都可做的检查。

专家寄语

胃超声检查简便、无痛苦，几乎适合每个人。由于胃癌起病隐匿，我国几乎占了全世界胃癌患者的近40%，很多患者有症状来检查时已经处于中晚期。所以，有上腹部不适、胃疼、贫血，以及长期口服各种药物的患者，都建议每年做一次胃超声。

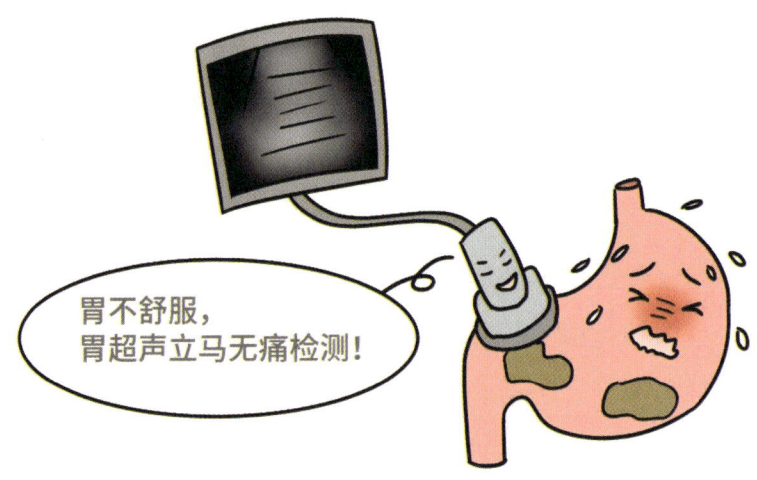

图50　胃超声检查

（周泊阳）

老年人肚子"隐痛"？当心阑尾在作乱

医生，我只是最近胃口不好，感觉小肚子有一点点隐痛，也不是很剧烈，为啥要立马住院呢？这咋说我是阑尾炎呢？

阿姨，别紧张哦，听我来详细唠唠这个引起您肚子"隐痛"的真凶——老年阑尾炎！

图51 老年阑尾炎

什么是老年阑尾炎？

阑尾炎是外科常见的急腹症之一。随着社会老龄化程度加剧，高龄老年急性阑尾炎的发病率也逐渐增高。由于老年人免疫系统功能降低、应激能力减退，通常对疼痛不敏感，病变程度与症状常不相符，患者自觉症状往往不明显，可能表现为"隐痛"或者疼痛部位模糊不定，常无典型的转移性右下腹痛。此外，由于老年人腹肌退行性变、萎缩松弛、脂肪增厚等原因，可无明显腹肌紧张、反跳痛等体征。在临床上，老年阑尾炎的漏诊率及误诊率都非常高，患者很容易错失最佳的治疗时机。多数老年患者就诊时往往病程较晚，可能已经形成了阑尾周围脓肿甚至已发生坏疽、穿孔等。因此，早期作出正确诊断、及时治疗是改善老年阑尾炎患者预后的关键。

如何早期识别肚子"隐痛"的真凶？

老年人因阑尾管腔狭窄、肠蠕动缓慢等原因，很容易发生粪石梗阻。当因粪石阻塞或细菌感染等原因导致阑尾发生一系列炎症改变时（如水肿、充血、渗出等），其病理发展过程是连续变化的，也是一个从功能学到形态学改变的过程。超声检查作为急腹症首选的影像学检查方法之一，它能够通过实时观察阑尾形态学的动态改变来判断病情的严重程度。与其他影像学技术相比，它具有无创、操作简便、费用低等优势。

"有意义"的超声表现主要有以下几方面：①阑尾管腔肿胀增粗、模糊不清（有时管腔内可见粪石及气体）；②与周围组织粘连或包裹形成包块；③阑尾脓肿形成或周围肠间隙有积液（表现为不规则无回声或低回声区）。

超声用于判断阑尾炎具有无可替代的优势：①超声能准确判断病情程度，协助临床医生选择合适的治疗方案；②帮助鉴别诊断其

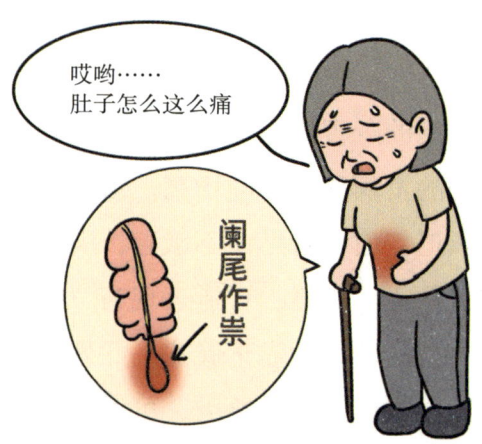

图52 识别阑尾炎

他急腹症；③无电离辐射、操作简便，可反复多次检查。

以往很多人觉得阑尾炎是小问题，老年人年纪大了，就别折腾了，消炎就可以了。然而，现在我们知道了，这个想法很危险。我们要根据病情程度区别对待。对于单纯性阑尾炎，可暂不开刀，先用抗生素治疗，密切观察病情变化。对于病情较重的患者，排除禁忌证后别犹豫，应立即手术，并且要注意老年人围手术期的护理。因此，当发现家里的老年人无缘无故出现肚子"隐痛不适"时，千万别大意，一定要警惕阑尾炎的可能，及时到医院诊治。

(邢雨蒙)

腹大如鼓，小心"后院"失了火

短短1个月，家住上海松江区的陈大爷，肚子又大了好几圈。75岁的陈大爷，没有高血压、糖尿病，身体一直很好，可是最近他的肚子是越来越大，平躺在床上，感觉像怀胎七八个月，全身都很瘦，可唯独腹大如鼓，这是怎么回事呢？陈大爷来到医院就诊，经过一系列的超声检查，提示"后腹膜实性占位"，而且这个肿块包裹住了腹主动脉，这就是陈大爷腹大如鼓的"罪魁祸首"啊！

什么是后腹膜？

我们的肚子好比一座"中式庭院"（图53），腹腔就是前院，我们熟知的肝、胆、脾、胃、肠就在这里，腹膜就好像一道墙，它把腹腔环绕包围起来，形成了一个独立的院落；腹膜后就是这道墙后的空间，就是后院，腹膜后到脊柱前，都是后院的地盘，除了有肾脏、输尿管、胰腺以及部分十二指肠等多种器官以外，还有腹主动脉和下腔静脉、交感神经和脊神经等，是个繁乱不好惹的地方。

图53 中式庭院 后腹膜相当于后院

后腹膜肿瘤一定是恶性的吗？

不一定。后腹膜肿瘤主要包括原发于腹膜后潜在腔隙的原发性肿瘤及由其他部位转移来的继发性肿瘤。临床上常说的后腹膜肿瘤通常指原发性的，多数属于软组织肿瘤。后腹膜肿瘤有良性肿瘤，也有恶性肿瘤，往往恶性肿瘤比较常见，占80%。据美国国立卫生研究院（The National Institutes of Health，NIH）SEER数据库的统计资料计算，我国每年腹膜后肉瘤新发病例应在10000人左右。

这个"后院"不好惹，出了问题很棘手，主要有以下4个原因。①不易察觉：腹膜后位置较深、生长空间大，且多以软组织肿瘤为主，腹膜后肿瘤大部分初期都没有什么明显的症状。②很难诊断：后腹膜肿瘤位置比较隐匿，尽管有超声引导下穿刺，但是从腹部穿刺，距离太远，穿刺针要越过重重脏器，到达肿瘤所在地，难度高，风险大，准确性也难把握；从背后穿刺，血管神经密布，稍有不慎就会造成损伤，风险极大。③治疗困难：想要在"后院"开展手术，就得把"前院""中院"挡着的器官及组织拨开，而"后院"的"线路"复杂，大血管、神经、脊髓个个都不好惹，所以在这里动刀,那真的算是"勇闯夺命岛"了。④容易复发:腹膜后肿瘤常以成片的方式散布在腹膜后腔隙,尤其是占据腹膜后肿瘤70%的脂肪肉瘤,恶性程度高,复发风险大,患者往往经历多次手术,且复发间期逐渐缩短,直至无法再进行手术。

温馨提示

后腹膜肿瘤目前还没有特异而有效的预防方法,主要是早发现、早诊断、早治疗的三早原则。当出现腹大如鼓,且能摸到较硬的肿块时,要注意及时到医院检查,排除有无后腹膜肿瘤的可能。

(张志华)

No. 1656808

处方笺

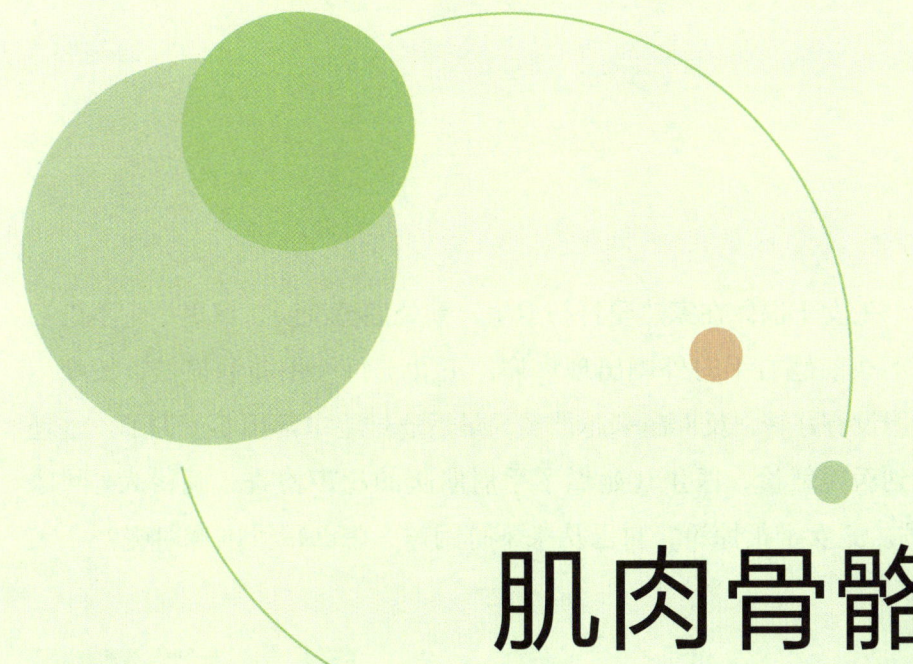

肌肉骨骼
热点问题

医师：_____

临床名医的心血之作……

上肢检查

不打网球,怎么得了"网球肘"?

王女士退休在家热爱打扫卫生,到处擦擦洗洗,家里一尘不染。可不久前她右手肘外侧出现疼痛,王女士每天用药酒擦拭、按摩,不但没有好转,反而越来越严重,最后连拧毛巾都用不上力了。她赶紧到医院就诊,医生让她做了手肘肌腱的超声检查,确诊为"网球肘"。王女士很惊讶,自己从来不打网球,怎么得了网球肘呢?

什么是网球肘?

网球肘又称肱骨外上髁炎,是因外伤、慢性劳损引起的肘外侧伸肌腱止点炎,是肌腱组织的退行性改变。因网球赛的参赛选手中常出现此病,得以命名。

肱骨外上髁炎多发年龄为30~50岁,除了网球、羽毛球、乒乓球运动员好发外,家庭主妇、厨师等人群发病率也较高。这些人常反复旋转前臂及伸屈肘关节,造成前臂伸肌长期的收缩、紧张,使肘外侧肌腱与骨的连接处发生退行性病变。

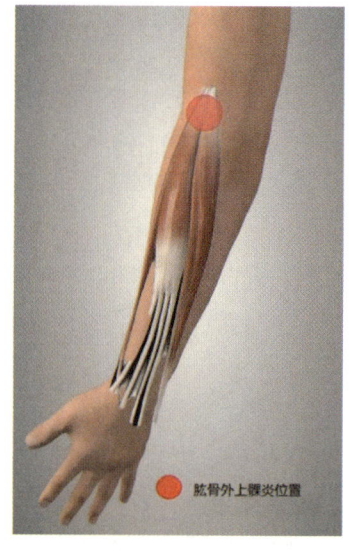

图54 肱骨外上髁炎(网球肘)

网球肘的主要症状是什么?

网球肘主要症状为肘关节外侧疼痛,从轻微逐渐加重,严重者可出现拧毛巾、扫地等日常功能受限。所以,不打网球的王女士也是会得网球肘的。

为什么医生怀疑网球肘要让患者做超声检查呢?

超声检查除了看肚子里的脏器,也能检查肌腱肌肉。针对网球肘这种疾病,X线作用不大,磁共振(MRI)有用但费用较高,超声检查操作方便,能够清晰显示伸肌腱在肘外侧止点的水肿、撕裂(部分或者完全撕裂)、有无钙化灶等情况,甚至可以发现普通CT都不能察觉的止点撕脱骨折。同时还能鉴别肘关节炎、肱骨内上髁炎等类似肘部疼痛、活动受限的疾病。因此通过超声检查,医生能够明确诊断,给予患者精准的治疗。

超声在治疗网球肘过程中的作用是什么?

超声除了能协助诊断网球肘,在治疗过程中也可以发挥重要功效。首先,超声发挥指引作用,让医生可以更精确地将药物注射在损伤明显的位置;或者可以指引医生用细针对有钙化沉积的位置进行治疗。其次,除了诊断用的超声外,还有治疗频率的超声,可以直接对损伤部位进行治疗。最后,通过治疗后,超声还可以作为评估治疗是否有效的工具。

(程怿 蔡叶华)

手僵手疼手变形，关节超声探究竟

50岁的丁阿姨最近早上醒来时手僵得像灌了铅，这几天又肿又疼，连毛巾都拧不动，去看医生，被诊断为类风湿性关节炎。

什么是类风湿性关节炎？

类风湿性关节炎是一种慢性的、全身性的、系统性的自身免疫性疾病，我国目前有超过500万患者，20~45岁多见，女性患者数是男性患者数的4倍。类风湿性关节炎多出现在手指、手腕等处的小关节，其次是足趾、踝、膝、肘、肩等关节，多呈对称性。晨僵是最常见的典型症状，多表现为晨起后关节僵硬，活动一段时间后缓解，随着病情加重，还会出现关节肿痛、畸形和功能障碍，甚至致残。

类风湿性关节炎的主要特点有哪些？

（1）早期诊断率低：容易误诊、部分患者血化验正常。

（2）骨破坏发生早：骨侵蚀在发病后1年，甚至4个月内就可出现。

（3）确诊晚、致残率高：2~3年不进行治疗的类风湿患者致残率可达70%。

超声检查对类风湿关节炎有什么作用？

（1）有助于早期诊断：类风湿发病的前1~2年是治疗的黄金时间，超声可以清楚地显示关节积液、滑膜厚度、肌腱、腱鞘的炎症，以及是否有骨破坏。关节肿痛并不明显时，滑膜炎就已经存在，对于早期增厚仅2毫米的滑膜，超声就可以清晰显示，并对其严重程度进行评估；对于部分化验检查仍是正常的患者，超声观察到的炎症迹象对早期诊断和治疗都有帮助。

（2）评估治疗反应：吃药后疗效怎么样？自己感觉好转了是否可以停药呢？除了参考血液指标改变，医生还要结合超声检查结果评估药物治疗效果，判断是否调整药物。即使主观感觉已经完全好了，但炎症也可能持续存在，所以需要使用超声来判断炎症是否消退。

（3）帮助鉴别诊断：除了类风湿性关节炎，还有骨关节炎、痛风、强直性脊柱炎、银屑病等疾病，也常累及多个关节；但不同的疾病有不同的超声影像特征，超声可以一探究竟。

（4）安全性：超声波无电离辐射，可以反复多次、多关节检查。

因此，超声检查在患者的临床表现及血液检验基础上可以做到对类风湿性关节炎的早期诊断及评估治疗反应。

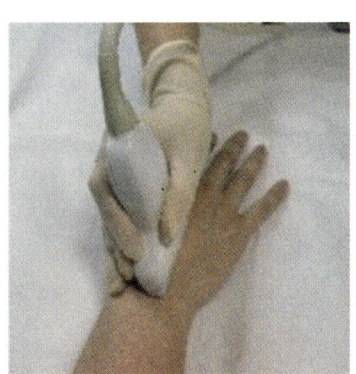
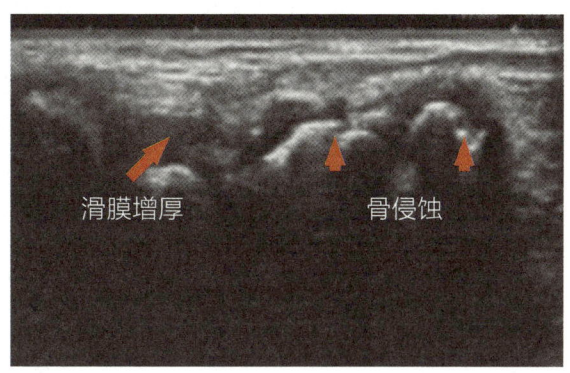

图55 超声检查

（刁雪红）

频繁刷手机,为何手腕痛?

现如今不论在日常工作还是休闲娱乐中,手机成了人们必不可少的好帮手。每当结束了一天的辛苦工作,下班后在沙发上"葛优躺",看看搞笑视频,逛逛购物网站,再来几局最爱的游戏,总能给疲劳的一天增加一丝轻松愉悦。日积月累,每日为我们频繁刷手机而辛苦劳作的手却病倒了,拇指近端手腕处疼痛难忍,肿胀明显,手腕无法转动,甚至无法抓握、提重物。这是为什么呢?是患上什么疾病了吗?该做什么检查能诊断呢?怎样才能缓解?你是不是有很多困惑,让我们一一来破解。

这个病的学名叫"桡骨茎突狭窄性腱鞘炎"。腱鞘是包绕在肌腱周围的双层套管样结构,长期反复活动拇指或手腕,会引起肌腱在腱鞘内反复摩擦,造成肌腱增粗,腱鞘充血肿胀致狭窄,引发无菌性炎症,从而导致疼痛和活动受限。

除了手机党,经常敲击键盘及经常抱宝宝等动作都可能因长期反复刺激引起腱鞘炎。这个疾病以女性患者更常见,产后

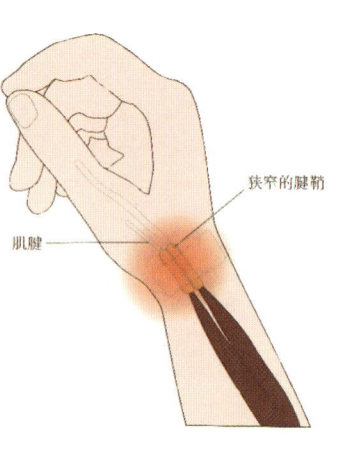

图56 桡骨茎突狭窄性腱鞘炎

新手妈妈由于长期抱娃姿势不当，手腕用力过度而易引发此病，因此又称"妈妈手"。

桡骨茎突狭窄性腱鞘炎特征性临床表现有哪些？

（1）活动时疼痛：拇指或腕关节活动时腕部疼痛，活动受限，前臂及拇指可出现放射痛。

（2）压痛：手腕部拇指一侧骨突（桡骨茎突）处可有豌豆大小的突起，有明显压痛。

（3）握拳尺偏试验阳性：拇指握于掌心并握拳，拳头向小拇指方向转动，在桡骨茎突处可出现疼痛。

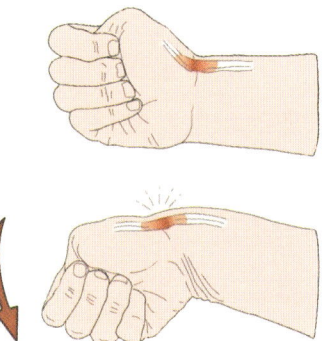

图57 桡骨茎突狭窄腱鞘炎表现

超声如何诊断？

高频超声检查具有分辨率高、操作便利的特点，在肌骨疾病诊断中具有独特优势。

正常桡骨茎突腱鞘超声表现为短轴可见此处有两条肌腱，外周均有腱鞘包裹，正常腱鞘厚度<1毫米；长轴示肌腱走行顺畅，厚度均匀，回声一致。

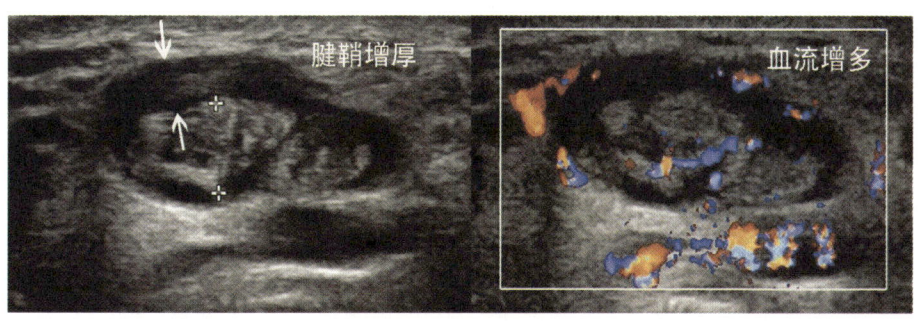

图58 超声检查

发生桡骨茎突狭窄性腱鞘炎者，肌腱可有增粗，可达同侧近心端厚度的 2 倍以上。腱鞘增厚 >1 毫米，肌腱及腱鞘回声减低，血流信号增多，可出现不同程度的腱鞘积液。

桡骨茎突狭窄性腱鞘炎如何治疗？

一般首选保守治疗，保守治疗无效时才需手术切开松解治疗。保守治疗主要包括以下两点：

（1）尽量减少手指和手腕部的活动，活动可进一步加重病情，产生疼痛，必要时可使用专用的支具固定拇指和手腕，使肌腱和腱鞘得到休息缓解，也可同时热敷疼痛部位和服用解热镇痛药减轻疼痛和肿胀。

（2）对于制动治疗无效的患者，皮质类固醇腱鞘内注射治疗是首选的治疗方法。超声可以清晰地显示针尖，在超声监视下医生可以可视化地将药物精准释放到增厚的腱鞘内，快速缓解患者的疼痛症状。超声引导下注药可以减少盲法注射带来的潜在风险，如损伤血管、神经，脂肪坏死，肌腱变薄、断裂等。超声可以显示肌腱和腱鞘的变异情况，常见的有腱鞘分隔成两个独立的腔室，超声引导下穿刺可分别注射两个腔室，提高疗效。

如何预防桡骨茎突狭窄性腱鞘炎？

（1）控制手机和电脑使用时长，调整姿势，劳逸结合。

（2）腕部长时间反复活动后，热敷或按摩手指、手腕。

（3）新手妈妈学习正确的抱娃姿势，手臂发力，防止手腕过劳。

（4）如果出现腕部酸痛，应及时休息，及时就诊，防止病情加重。

（薛立云　王栋华）

肩膀痛：总让肩周炎当"背锅侠"？

肩膀疼痛、上抬无力、睡觉不能翻身、夜间被痛醒、肩膀着地摔了一下几个月都不好……是不是有这样的问题困扰你？

我们先看看肩膀痛最常见的三个原因。

（1）粘连性肩关节囊炎（冻结肩）：也就是我们常说的肩周炎，多发于40岁以上女性，以50岁多见，所以又被称为"五十肩"，其变化、进展与气候变化或者劳累有关。冻结肩最重要的表现就是肩部疼痛，胳膊向后、向外旋转活动受限，梳头、穿衣、洗脸、叉腰等动作较难完成，日常生活受到影响。

（2）肩峰下撞击综合征：在肩的上举、外展活动中，因肩膀里的两个零件老是撞到一起而产生的肩痛。通常有肩部外伤史或长期过度使用肩关节，反复的撞击会导致肩袖肌腱发生损伤，甚至断裂，肩部出现慢性钝痛、无力、活动受限等症状，需要与肩周炎鉴别。

（3）肩袖肌腱的损伤、撕裂：肩关节外围被一圈肌肉像袖套一样包住，肌肉末端的五根主要肌腱像长长的绳索一样固定肩部，使肩关节可以各个方向灵活运动。当遇到暴力、长期慢性劳损时，会出现摩擦、撞击、撕裂、钙化等改变，其中一根或多根肌腱会有不同程度的撕裂甚至全部断裂，导致肩部的疼痛和活动受限，出现疼痛、无力、静息痛、夜间痛。

除了以上介绍的，还有很多疾病可以引起肩关节的疼痛，比如钙化性腱病、类风湿性关节炎等。

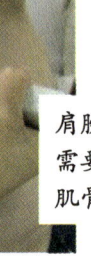

肩膀痛自我诊断？——不可取！需要进行规范的检查和评估，肌骨超声可以成为你的第一选择！

划重点

图59　肌骨超声

肩关节超声可以看什么？

超声可以清楚显示肩关节的肌腱、周围的肌肉、神经、韧带等结构，能区分肩关节的炎症、撕裂及肿块，特别是超声具有灵活性的特点，我们可以让患者做肩膀动作，同时进行动态观察，让隐蔽的小撕裂现身，并准确判断撕裂及关节粘连程度。

肩关节磁共振和超声有什么区别呢？

两者的特点是不同的。磁共振的特点是整体显示更好，对观察肱骨骨髓、肩袖的变化及骨肿瘤更为敏感；超声的特点是可动态观察，直观显示肩峰下撞击和粘连性关节囊炎等，但无法显示肱骨内骨髓的异常。

什么情况下需要进行肩关节超声检查呢？

肩膀疼痛以及活动受限；肩部外伤；肩部肿块。

（刁雪红）

下肢检查

超声揭秘小腿痛

小张兴致勃勃地跟朋友打着羽毛球,一个漂亮的起跳接球之后,忽然觉得小腿后侧剧烈疼痛,像被木棒击打了一下,小张当即疼得坐在了地上,无法继续运动。朋友赶紧将小张送到了医院,医生摸了摸小腿,就让小张去做个超声检查。小张疑惑不解,为啥医生不给我拍个片子呢?抱着这样的疑问,小张来到了超声医学科进行检查,检查的结果更是让他一头雾水,超声医生说他得了"网球腿"。小腿痛跟"网球腿"有什么关系呢?什么是"网球腿"呢?下面就跟着超声医生的脚步,带大家认识一下"网球腿"。

什么是网球腿?

小腿的后方肌肉包含有跖肌(部分人群中缺失),腓肠肌内侧头、外侧头和比目鱼肌,这些肌肉的撕裂或断裂被称为网球腿,这一疾病好发于网球运动员,所以被称为网球腿。

网球腿有什么临床表现?

网球腿的临床表现十分典型,主要表现为运动过程中小腿后侧剧烈的疼痛,感觉小腿后方被石头或木棒击打过一般,有时候还可以听到响声，随后因小腿疼痛不能跑跳，在踮脚尖后疼痛加剧，小腿的后方有明显的压痛点和凹陷，检查时还可见到小腿肿胀。

得了网球腿该怎么治？

在大多数情况下，网球腿是不需要进行手术治疗的。但是，不进行手术治疗并不等于完全不治疗。临床上通常采用RICE原则，即休息（Rest）、冰敷（Ice）、加压包扎（Compression）和抬高患肢（Elivation）。

同时，需要进行一些适当的康复训练来防止肌肉形成瘢痕，在受伤2周之后，就需要进行2~4周的被动伸膝和背屈踝关节的锻炼。锻炼期间，疼痛是休息的信号，如果觉得疼痛不可承受，需要减少或停止锻炼。一般在受伤6~7周之后，才能恢复伤前运动。有些伤得较严重的，12周之后才恢复运动也是有可能的。

当然也有一些患者最终需要通过手术来治疗，比如小腿上巨大的血肿无法吸收，或产生了急性筋膜室综合征。在康复期间，如果出现了小腿后方巨大的肿块或剧烈疼痛，还是要立刻就医，让专业的医生来评估。

得了网球腿为啥要做超声检查？

超声检查是网球腿的首选检查，因为它简便、易操作、无痛、快捷，并且可以双侧对比，能够较好地显示肌肉的撕裂。

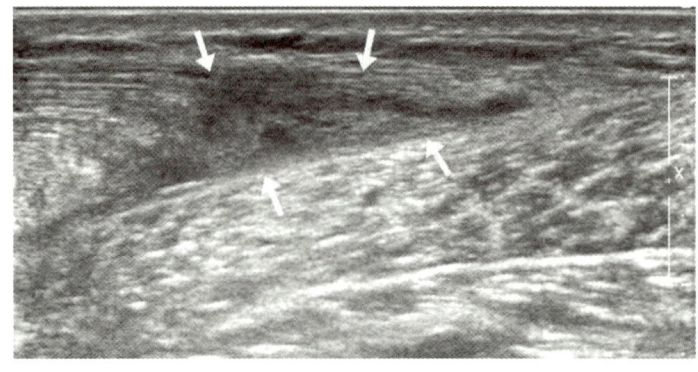

图60　灰阶超声显示腓肠肌撕裂，表现为腓肠肌内侧头连续性消失（箭头处）

为了避免"网球腿"的发生，在每次运动之前，一定要做好热身，尤其是对小腿肌肉的拉伸，也需要经常放松小腿肌肉，防止其过度紧张。当然，即使真的得了网球腿也别过于担心，经过正确的诊断与治疗后基本可以恢复到受伤前的运动水平。

（邵洁　蔡叶华）

老年人走不动，当心肌少症

随着老龄人口的不断增加，我们可能经常发现身边的老人双脚无力，逐渐不能行走，进而发生跌倒、骨折，然后到医院进行各种检查，包括超声、CT 和 MRI 等检查，最终显示脑部正常、无明显腰椎间盘突出、神经无压迫表现和下肢血管通畅等阴性结果，实际上这个时候我们需要想到一种可能——肌少症（sarcopenia）。

肌少症是一种与年龄相关的老年综合征，于 1989 年由罗森伯格（Rosenberg）首次命名。2011 年国际肌少症工作组提出肌少症是与增龄相关的渐进性、广泛性的肌量减少和肌肉生理功能减退。肌少症是一个日益严峻的全球健康问题，目前全球患有肌少症的人数高达 5000 万，预计 2050 年该疾病的患病人数将高达 5 亿。肌肉量在 30 岁、50 岁、60 岁后下降速度分别为每年 3%~8%、1%~2%、3%，同时肌肉强度和力量每年下降 1.5%。

老年人生理代谢功能下降，蛋白质、氨基酸、维生素 D、钙剂等摄入不足以及肠道对营养物质的不完全吸收，增加了骨髓和肌内脂肪组织，降低肌肉质量和功能。肌少症会增加跌倒和骨折的风险，伴随着失能以及日常生活能力的下降，甚至引起呼吸及心血管系统的严重疾病，给家庭和社会带来沉重的人力和经济负担。肌肉质量和功能的保持越来越被认为是促进健康老龄化和改善生活质量的关键因素，尽早、及时诊断和治疗肌少症，将为社会和家庭节省很多医疗开支，提高老年人生活质量和幸福指数。

超声具有方便快捷、无电离辐射和图像分辨率高等优势，在肌少症的评估中发挥着重要作用，可对肌肉的质和量两方面进行评估。常规超声可对肌肉的回声强度、肌肉厚度、肌肉横截面积、羽状肌肌纤维的长度和角度等多个指标进行评价，超声造影和弹性成像等超声新技术可对肌肉血流灌注和硬度进行测定。

肌少症患者肌量的减少，超声图像上最为直观的表现是肌肉厚度和横截面积的缩小，肌肉横截面积在一定程度上代表肌肉力量大小，是超声判断肌少症的重要指标。

羽状肌纤维长度为肌纤维束插入到浅腱膜和深腱膜之间的束径长度，肌纤维长度变短意味着肌肉力量减弱。

羽状肌角度是肌纤维束插入深腱膜的角度，羽化角与沿着腱膜平行排列的肌节数量成比例，与肌肉的力产生能力密切相关。

回声强度定义为通过超声获取的图像的亮度，是肌肉质量的临床相关非侵入性指标。肌少症患者的肌纤维被结缔组织及脂肪组织替代，导致衰老的肌肉含有大量的脂肪和结缔组织，这两种组织在超声图像上表现为较高的回声，因此回声越高，则表明肌肉质量越少。

相信通过上面的讲解，大家对肌少症应该有了初步了解，如果您身边有不明原因的行走不便的老年朋友，可以带他做一个超声检查，以评估是否患有肌少症，并进行及时的干预和治疗。

（陈林）

无法脚踏实地,是不是患了足底筋膜炎?

王大爷总抱怨走路时脚跟疼痛,特别是早上起来或站久了之后,脚着地时特别疼,根本就不能着地。于是医生给王大爷做了一个足底的超声检查,发现足底筋膜厚度 6.3 毫米、回声减低、边缘模糊,超声诊断足底筋膜炎可能。

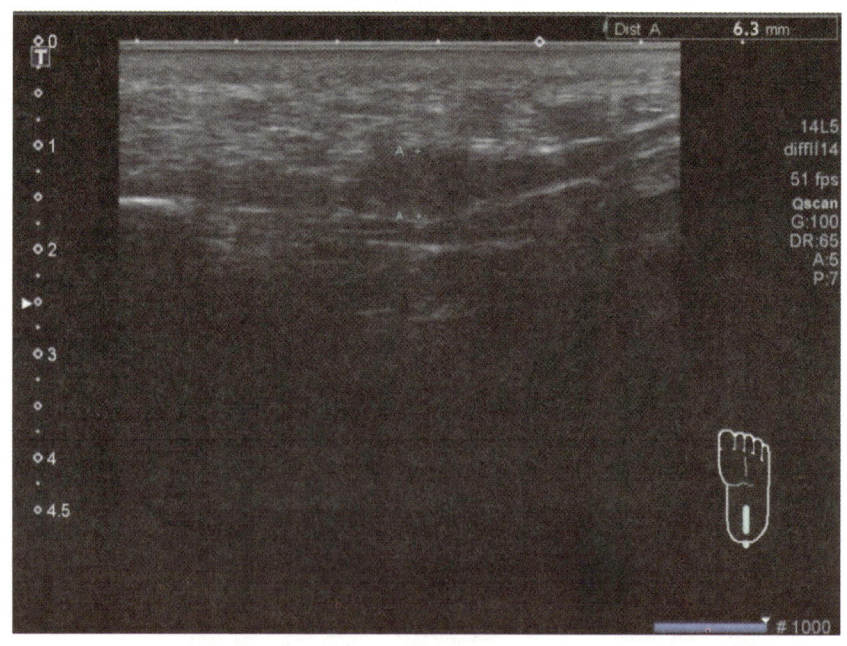

图 61 左侧足底筋膜炎:足底筋膜增厚,回声减低,边缘模糊

哪些病会被误当作足底筋膜炎？

在日常生活工作中，我们自己或者身边的亲朋好友有时候觉得足部特别痛，足底用不上劲，一走路就痛，尤其是足跟部，根本无法"脚踏实地"。大家很多时候认为是血管出了问题，到医院要求做个血管超声。但实际上，足跟痛的原因不只是血管，一些肌肉肌腱的疾病，比如跟腱炎、足底筋膜炎也会引起同样的症状。那么，如何正确判断足跟痛是血管还是跟腱抑或足底筋膜引起的呢？首先主要从临床症状和体征上来区分。

血管性疾病造成的不能走路，通常是整个足部水肿、疼痛，尤其是腿部肿胀疼痛明显，按压足背皮肤可见凹陷，很少只有足跟痛。

跟腱疾病引起的足跟痛，多发于运动员，通常是因为跟腱在短时间内承受的压力过大，发生劳损、细微挫伤或撕裂，进而出现无菌性炎症。该病表现为足跟部上方及内部疼痛、压痛、僵硬，活动后加剧。痛感通常会在清晨或者剧烈运动后的休息期间发作。

什么才是真正的足底筋膜炎？

足底筋膜炎是引起成人慢性脚底痛最常见的原因，主要是足底筋膜长期负荷受力，导致筋膜损伤出现炎症反应。典型症状是晨起或久坐站立后足底着地时出现剧烈疼痛，走一段路后疼痛有所减轻，但走路过长或站立时间太久后又会出现疼痛，并且疼痛感逐渐加重。

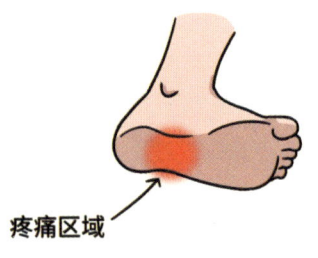

图 62　足底筋膜炎

如何诊断足底筋膜炎呢？

超声检查具有方便、实时和检查费用低等优点，在诊断足底筋膜炎方面具有很高的应用价值。足底筋膜跟骨止点的厚度，正常情况下小于4毫米，若在超声图像上筋膜厚度超过4毫米、回声减低、筋膜边缘毛糙、血流信号增多，均提示足底筋膜炎可能。

（刘迎春）

为什么会习惯性崴脚？

"医生，我怎么总是走着走着就崴脚呀？"

崴脚是日常生活中或运动时最容易发生的损伤，占运动损伤的10%~15%。脚踝扭伤时，通常有一条或多条韧带可能会受伤。损伤的严重程度取决于韧带的损伤程度以及损伤的韧带数量。由于踝关节外侧副韧带撕裂和松弛，得不到及时的诊断与治疗时，74%的患者会有持续不适感，更有30%的患者会导致慢性踝关节不稳继而习惯性崴脚。

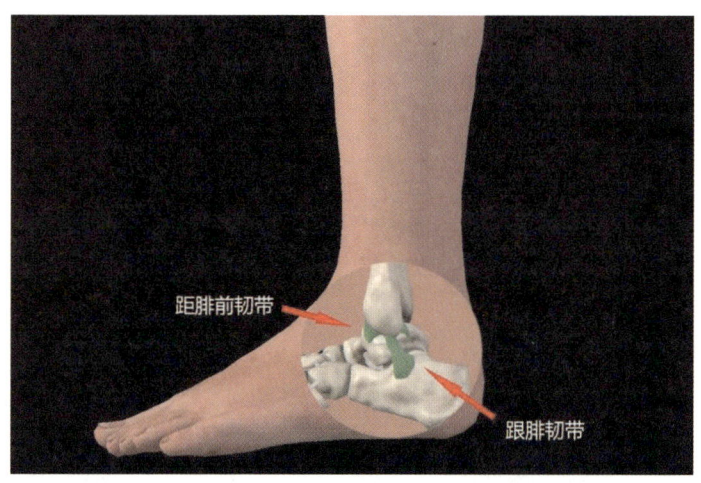

图63 踝关节韧带

脚踝扭伤的原因是什么？

脚踝扭伤可能是由于摔倒、突然扭动等导致关节脱离正常位置，从而导致支撑关节的韧带过度拉伸或撕裂。经常见于下楼踩空、跳跃后落地不稳时。

脚踝扭伤的症状和体征是什么？

通常的症状和体征包括疼痛、肿胀、瘀伤和丧失脚踝活动能力。根据扭伤的严重程度，这些症状和体征的严重程度可能有所不同。一般来说，轻度扭伤会导致韧带过度拉伸或轻微撕裂，从而关节不稳定，只有严重损伤时会导致踝关节功能丧失。

脚踝扭伤出现何种情况需要及时就诊？

通常包括以下几种情况：

（1）受伤的脚踝疼痛、肿胀或发红。受伤的踝关节上方或其附近区域，触摸时感觉非常柔软。

（2）对照正常的一侧，受伤的脚踝似乎有肿块或者明显隆起（除了水肿外）。

（3）踝关节不能活动。

（4）行走超过四步即疼痛。

（5）脚踝有麻木感，受伤处有淤青。

（6）反复崴脚。

（7）对受伤的严重性或如何护理感到疑惑时。

脚踝扭伤如何治疗？

一般有 2 个阶段：

第一阶段的目标是减轻肿胀和疼痛。在这个阶段，医生通常建议患者在受伤后的前 24~48 小时内遵循休息、冰敷、加压和抬高的治疗原则。疼痛严重时可以使用非甾体抗炎药，如阿司匹林或布洛芬等，以帮助减轻疼痛和炎症。对于中度或重度扭伤的人，尤其是脚踝，可以使用石膏固定。

第二阶段时，严重的扭伤可能需要手术来修复撕裂的韧带。手术通常由运动医学或者足踝外科医生进行。医生对严重的扭伤进行拉伸实验、影像学检查，以便正确评估和及时治疗。因此，对于脚踝扭伤严重性有顾虑时，可以第一时间联系医生寻求建议。

崴脚为何建议做超声检查？

由于足踝韧带的位置比较表浅，高频超声可以提供优异的成像质量，目前已经成为足踝损伤的一线成像技术。

超声可以清晰显示踝关节外侧副韧带。踝关节外侧副韧带通常比较细，崴脚时很容易造成损伤。超声成像能可靠地描绘外侧副韧带的损伤情况，同时也可以清晰显示踝关节积液、关节囊完整性以及外踝关节有无微小的撕脱骨折等。

相对磁共振检查，超声在诊断踝关节外侧副韧带损伤时，通过

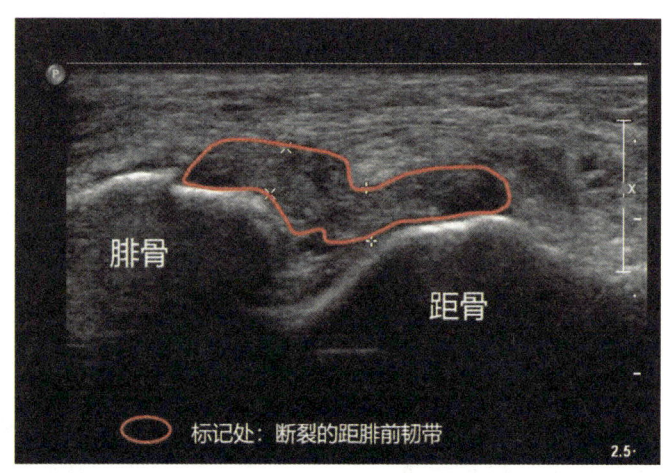

图 64　磁共振检查结果

实时动态的检查，可以评价包括距腓前韧带以及跟腓韧带损伤的程度，比如是挫伤、部分撕裂还是完全撕裂。对于陈旧损伤，超声也可以评估韧带是否有松弛甚至溶解吸收。超声同样也可以用来评估韧带康复治疗或者手术重建后的恢复情况。

总而言之，崴脚即使没有骨折可能也不是小事，如果你在生活中经常发生，不妨去做个超声检查。

（蔡叶华）

肌肉骨骼热点问题

痛风发作把你找，肌骨超声早知道

说起痛风，大家耳熟能详，它被老百姓称为"富贵病"，古代多见于帝王将相。随着生活水平的逐渐提高，痛风的患病率逐渐增高，且逐步呈现年轻化的特点。目前痛风已经成为我国仅次于糖尿病的第二大代谢类疾病。

英国著名漫画家詹姆斯·吉尔瑞于1799年发表了名为《痛风》的漫画，将痛风描绘成一个正在啃噬人脚的黑色魔鬼，形象而深刻地表现出痛风患者的痛苦。

那么，大家对痛风了解多少呢？

何为痛风？

痛风，是一种代谢性免疫性疾病，由于嘌呤代谢紊乱、尿酸排泄障碍等综合因素所致血尿酸增高，导致尿酸盐在关节内、关节周围、皮下、肾脏等部位沉积，从而引发急性、慢性炎症和组织损伤，其主要表现是反复发作的关节炎、肾脏病变等。

痛风的临床表现？

痛风是一种常见且复杂的关节炎，常表现为夜间突发的关节剧痛。发作时，常表现为关节红、肿、热、痛。

痛风的形成原因？

正常情况下，肝脏分解嘌呤时产生代谢物"尿酸"，在肾脏中处理后，经尿液排出。当体内产生过多尿酸，或者肾脏排泄不充分时，尿酸在血液中堆积，导致高尿酸血症，长此以往，过量的尿酸结晶在关节沉积，就会形成炎症反应，从而引起痛风发作，严重者可导致骨质破坏，甚至关节变形。

痛风好发作部位？

发作时，以第一跖趾（大脚趾）关节、踝关节、膝关节、手指关节最为常见。

有无痛风，如何自查？

体检尿酸年年高，痛风发作把你找。关节里到底有没有尿酸结晶沉积呢？有没有痛风石呢？从高尿酸血症到痛风发作，只有一步之遥，如何发现关节中的尿酸盐结晶呢？

肌骨超声帮你解答疑问。痛风是能被超声看到的，借助高频超声，可发现关节、肌腱、韧带内的尿酸结晶，帮助临床医生对患者的病情进行干预，调整尿酸水平，预防痛风的急性发作，防止关节及肾脏的损害。

针对痛风性关节炎患者的双侧膝关节、踝关节、第一跖趾关节等部位的检查，可有效检出关节积液、滑膜炎、尿酸盐结晶、痛风石、骨质破坏等。此外肾脏超声检查还可发现"痛风肾"（肾结石，累及肾髓质）、慢性肾损害等痛风相关的肾脏疾病，为痛风患者的病情监测提供帮助。

如何远离高尿酸,远离痛风?

四部曲带你远离痛风。

(1)吃好。严格限制动物内脏、海产品和肉类等高嘌呤食物,戒烟酒。鼓励多吃新鲜蔬菜,适量食用豆类及豆制品。

(2)喝好。保证每天至少喝 2 升水,促进尿酸排泄。

(3)玩好。运动要适当,切记不要剧烈运动、走路过多等,防止关节慢性损伤,从而导致无菌性炎性发作,诱发痛风。

(4)护好。做好关节保暖,关节着凉时,关节局部温度降低,尿酸容易在关节析出,形成尿酸盐结晶而诱发痛风,醉酒后着凉是痛风发作最常见的诱因。

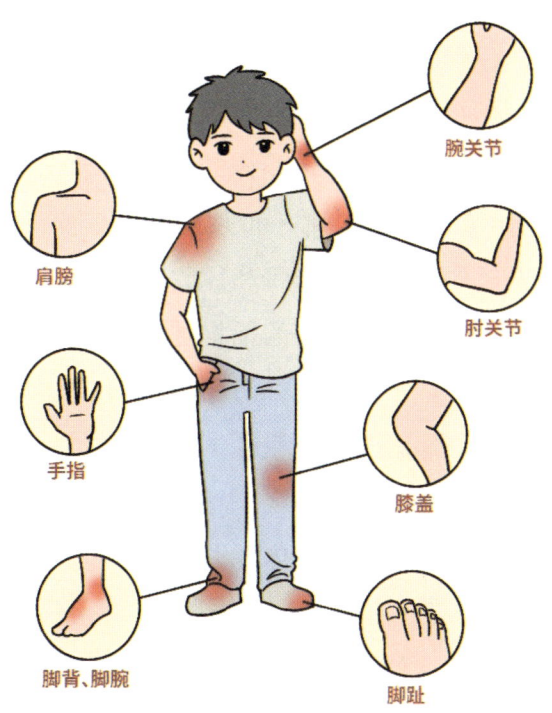

图 65 痛风疼痛区域

(赵洋)

跟腱很粗，跟腱很脆

众所周知，荷马史诗中的英雄阿喀琉斯，全身刀枪不入，唯一的一处弱点就是脚踝，所以在特洛伊战争中，被毒箭射中脚踝而丧命，这就是"阿喀琉斯之踵"的传说。现代医学中，常将"阿喀琉斯之踵"用来比喻运动员职业生涯的末路之痛——跟腱断裂，受其困扰的运动员比比皆是，有耳熟能详的奥运冠军飞人刘翔，万人迷大卫·贝克汉姆，天才球员科比·布莱恩特等。

跟腱是小腿三头肌，即腓肠肌和比目鱼肌的肌腹下端移行的腱性结构，止于跟骨结节。用通俗的话描述，跟腱就是我们的小腿肌肉往下和脚后跟相连的一个结构，对于机体行走、站立和维持平衡有着重要的意义。跟腱是人体最粗最大的肌腱之一，有些人会有疑问：既然是人体最粗最大的肌腱之一，为什么还会断裂呢？的确跟腱很粗，承重力很强，能承受身体的8倍重量，但是超过了它的限度，它依然会显得很脆，容易发生断裂。

跟腱断裂有几种因素。第一，直接暴力，如锐器割伤。第二，间接暴力，如踝关节背伸20°~30°的时候，跟腱是牵拉最紧的，此时小腿后方肌肉又突然过度发力，容易发生断裂，多见于网球、篮球、足球、羽毛球等急动急停的运动中。第三，其他高危因素，如激素、喹诺酮类抗生素等的使用；痛风、甲状腺功能亢进、肾功能不全、动脉粥样硬化；既往有跟腱损伤或病变；感染、系统性炎性疾病；高血压及肥胖等原因。

那么跟腱断裂如何明确诊断呢？除了磁共振以外，超声检查凭借着无创、无辐射以及高分辨率的特点成为首选。超声检查能显示跟腱的全貌以及细微结构，可以诊断断裂的程度及断裂的位置，是术前明确诊断、术后评估疗效及并发症的理想方法。

（柴启亮）

No. 1656808

处方笺

浅表超声
热点问题

医师：_____

临床名医的心血之作……

甲状腺超声

超声说的桥本氏甲状腺炎是炎症吗?

常常有朋友拿着自己的体检超声报告向我咨询:"王医生,快帮我看看,我的甲状腺是不是出了大问题,你看这写得多吓人,'甲状腺弥漫性病变、甲状腺不均质改变',还有我血液检验的两个指标也高得离谱,我也没什么感觉呀,怎么就得了桥本氏甲状腺炎呢?要吃消炎药吗?"

今天,我们就来聊一聊桥本氏甲状腺炎的那些事儿。

 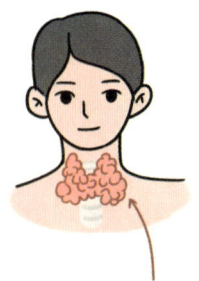

正常甲状腺　　　桥本氏甲状腺炎

图66　正常甲状腺与桥本氏甲状腺炎

什么是桥本氏甲状腺炎?

桥本氏甲状腺炎也叫慢性淋巴细胞性甲状腺炎。1912年,日本学者桥本(Hashimoto)教授首次发现并报道了这个病,所以就用他的名字来命名，临床上我们通常简称为"桥本病"。

这个病是炎症吗？

桥本氏甲状腺炎，虽然名字中有个"炎"，但是它和我们平时所说的扁桃体炎、咽喉炎、肺炎等细菌感染引起的炎症不一样，所以也不用吃消炎药。目前认为它是一种自身免疫性疾病。通俗来说，就是自身免疫功能增强，导致自己"攻打自己"，原本不应该在甲状腺组织中的淋巴细胞跑到了甲状腺里面，对甲状腺组织造成破坏。

这个病有哪些症状？

大部分桥本氏甲状腺炎患者并没有明显症状，很多患者往往是体检时才发现得了这种疾病。有的患者因为脖子肿大去医院检查，这种一般是患病时间有些长了。我们发现，桥本氏甲状腺炎患者多工作压力大，经常加班熬夜，精神过度紧张焦虑，身体长期处于亚健康状态，容易反复咽痛、感冒。一部分人可能会有颈部、咽喉部不舒服的感觉。

为什么会得这个病？

目前，该病的发病原因、机制还不是很清楚，但与遗传易感性和环境因素（如碘摄入量过高和病毒感染）相关，是自身免疫因素引起的一种慢性甲状腺炎。这个病近些年检出率很高，现在社会压力大，竞争激烈，女性更多地面临职场工作和家庭生活的冲突等，所以女性发病率大概是男性的8~9倍。

如何确诊桥本氏甲状腺炎？

自身抗体测定是一个重要的证据，临床上，只要患者血清中甲状腺球蛋白抗体（TGAb）或甲状腺过氧化物酶抗体（TPOAb）滴度升高即可诊断。此外，甲状腺超声也是诊断桥本病的一个重要手段，超声图像上表现为整个甲状腺弥漫性的不均质改变。

桥本氏甲状腺炎有哪几个阶段？

（1）甲状腺功能正常期：甲状腺功能正常，几乎没什么明显症状，仅仅是 TPOAb 或 TGAb 增高。

（2）甲状腺功能亢奋期：有心悸手抖、怕热多汗、多食消瘦、失眠兴奋等症状，这个阶段一般持续几个月，时间不长。

（3）甲状腺功能减退期：随着甲状腺滤泡细胞破坏越来越多，大多数患者最终会进入甲减期，此阶段患者可出现畏寒怕冷、心跳缓慢、水肿、脱发、便秘等症状，患者甲状腺肿大也愈发明显。

上述 3 个阶段并不是每个患者都会经历的，具体还得看各人的病情，有的患者可能一直都是甲状腺功能正常期。

桥本氏甲状腺炎需要治疗么？

是否需要治疗取决于甲状腺功能是否正常，是否压迫气管、食管，是否并发其他良恶性肿瘤。如果甲状腺功能 5 项异常（甲亢或者甲减），需要内科药物治疗，如果合并肿瘤，则需要影像学（主要是超声）评估肿瘤的良恶性、位置和大小等，决定是否进行外科手术治疗。如没有上述情况，仅仅是两个抗体增高则不需要治疗，只需要定期验血检查甲状腺功能和超声随访就可以了。

（王宇）

甲状腺结节，你怕了吗？

甲状腺结节，其实就是甲状腺内长出的一个或多个肿块。结节可以是很小的（小于5毫米），也可以是很大的（超过5厘米），一般通过超声就能检查出来。有一部分人的甲状腺结节不会引起任何主观不适症状且不会出现甲状腺功能异常；还有一部分人虽然脖颈处没有明显不适，但是身体已经有很多症状出现，像盗汗、失眠多梦、口淡无味、面部浮肿等甲状腺功能异常的表现，还有一部分人的结节会随着人体新陈代谢逐渐生长变大。当结节增大到一定程度后会挤压邻近气管等组织器官，产生一系列不适反应，如呼吸不顺畅、胸闷、进食有异物感等。

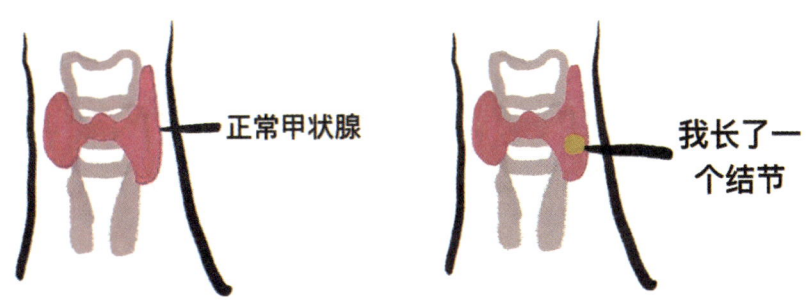

图67 正常甲状腺与甲状腺结节

那么怎样能简单判定甲状腺结节的良恶性呢？超声优秀的分辨

率能够检出直径<2毫米的微小结节。超声不仅能提供结节的大小、质地、边界、钙化情况和血流信号等重要信息，而且无创、快捷、分辨率高，因此既可以作为鉴别甲状腺结节良恶性的诊断依据，也可用来随访结节的生长情况。

图68　常见恶性结节和常见良性结节

一旦发现结节，不必恐慌，千万不要草木皆兵，正确做法为咨询专科医生并行甲状腺超声检查。为了规范甲状腺结节的超声诊断，防止不同医生在检查时发生个体化偏差，因此临床上一般会对甲状腺结节进行甲状腺影像报告和数据系统（Thyroid imaging-report and data system，TI-RADS）等级分类，使医生及患者能一目了然地了解疾病的严重程度。TI-RADS一共分为6类，随着类别的升高，严重程度逐渐增加。一般3类及3类以下以随访观察为主，4类以上视情况需进行穿刺活检、基因检测或手术。但TI-RADS分类一般仅供参考，不是绝对的诊断手段，一般还是要做详细的检查才能做出完整的诊断。

目前准确区别甲状腺结节良性或恶性的最常用的方法是超声引导下的甲状腺结节细针穿刺细胞学检查（Fine Needle Aspiration，FNA）。

甲状腺结节细针穿刺选用的是极细的针，穿刺时吸取甲状腺组织进行细胞学检查，此方法操作简便、组织损伤小、安全、费用低、诊断迅速，是术前鉴别甲状腺结节良恶性的金标准。细针穿刺

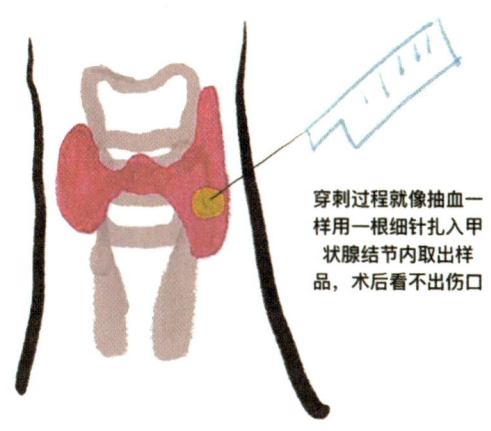

图69　甲状腺结节穿刺检查

采取抽吸取材，吸取的组织由于负压吸引而藏于针芯中，不会漏出污染其他层次的组织，无肿瘤扩散的风险，因此不必担心穿刺会引起肿瘤扩散。

也并不是所有的甲状腺结节都需要治疗，前面提到的超声及FNA，可帮助医生区分哪些结节需要治疗，哪些仅随访观察即可。治疗的方法主要有以下几种：手术、同位素、硬化治疗及微创消融。当然治疗方案的制订要具体情况具体分析，有时还会进行调整，比如最初仅定期随访观察的患者可因结节生长迅速需接受干预治疗，最终的治疗方案是在权衡利弊，并与患者充分沟通后制订出的。

总之，对于甲状腺结节的治疗，我们应该避免两种极端，不必惊慌失措过度治疗，也不能置之不理不闻不问。其次，不要忽视甲状腺功能的检测，以判断是否合并有甲亢或甲减。良性结节并不总是需要"一刀切"，部分恶性结节也可选择微创治疗。

（徐本华）

超声检查中什么样的甲状腺结节要怀疑是恶性的？

超声是针对甲状腺疾病首选的影像学检查方式。很多患者到医院就诊的原因是体检中无意发现甲状腺结节。部分患者对超声报告中的甲状腺结节非常焦虑，担心自己的结节是恶性的。其实结节不等同于癌，本文主要给大家介绍一下如何在超声图像上识别恶性甲状腺结节。

在超声报告中经常会出现一些字眼，以下这些字眼可能会提示甲状腺癌尤其是乳头状癌，例如：极低回声、边缘模糊、形态不规则、垂直位或纵横比大于1、钙化（尤其是微钙化）、紧贴包膜、血流丰富等。下文对这些字眼的意义为大家做一些通俗易懂的解释。

极低回声代表什么？

极低回声意味着结节的回声比颈部的肌肉回声还低。这是因为极低回声的结节中细胞成分比较均匀，超声波穿过时引起反射的界面比较少。当出现极低回声时，考虑恶性的可能性比较大。

边缘模糊、形态不规则代表什么呢？

结节的边缘模糊和形态不规则均代表结节与周边的正常甲状腺组织存在一定的粘连或者浸润性生长，可能为恶性。但是对这个征象的判断主观性很强，与机器的图像质量也有关系，需要辩证地看待。

纵横比大于 1 如何理解？

纵横比 >1 等同于垂直位，是一个很重要的恶性特征，尤其是对于一些小于 10 毫米的甲状腺结节。

钙化等于恶性结节吗？

钙化，尤其是微钙化，对甲状腺结节来说是一个特异性很高的恶性特征。但是并不能将甲状腺结节伴钙化和甲状腺癌画等号。一般来说细小、砂粒样钙化表现为恶性的可能性大，需要引起高度关注；而粗大钙化、结节周边环状钙化相对安全。

紧贴包膜代表癌细胞扩散了吗？

甲状腺结节紧贴包膜是指结节的位置离包膜比较近，如果恶性结节紧贴包膜的话，出现转移的概率比较大。但是紧贴包膜并不是判定患者有没有出现癌细胞扩散的标准，需要完善影像学的检查，综合多种因素来判定患者有没有出现转移。

甲状腺结节血流丰富代表恶性结节吗？

通常来说，甲状腺结节血流丰富并不一定是恶性。甲状腺良性结节和恶性结节都有可能会出现血流丰富。相反，无血流或者血流稀少是体积较小的甲状腺恶性结节的特征，这是甲状腺疾病区别于其他疾病的特点之一。随着甲状腺恶性结节体积的增大，内部血流逐渐增多，并且走行变得不规则。

甲状腺超声报告中出现以上这些字眼也需要区别对待，不是出现这些特征就一定表示是恶性结节，一定要综合起来分析。此外，一些特殊类型的甲状腺癌如滤泡癌或者髓样癌可能会表现出类似良性结节的特征，需要结合临床特征和实验室检查等综合判断。对于缺乏医学相关知识的患者来说，我们更需要重视的是报告结论中的TI-RADS分类。

温馨提示

超声报告一定需要专科医生的解读，某些单个的超声特征并不足以判定甲状腺结节是否为恶性，尤其是那些特征不太典型的结节。因此当看见体检报告中有边界不清、纵横比大于1、钙化、血流信号或者TI-RADS 4类等描述时不代表结节一定是恶性的，只是提示我们需要到医院进行专科的检查。

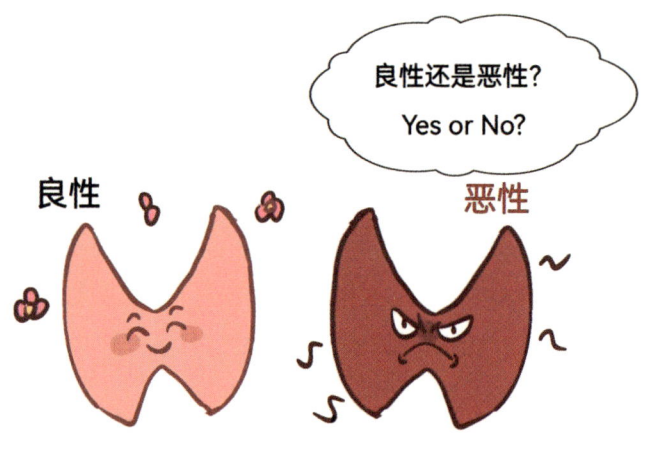

图70 良性还是恶性？

（插图：王怡婷）

（李佳伟）

教你读懂甲状腺超声报告——TI-RADS 分类

"我的结节边界不清,是恶性的吗?"

"我的结节已经钙化了,是恶变了吗?"

"我的结节形态不规则,是不是已经很严重了?"

"我的结节有血流信号,是不好的吗?"

"我的结节需要穿刺、手术吗?"

拿到甲状腺超声诊断报告的你有过这些困惑吗?希望本文对你有所帮助。

超声发现了甲状腺结节,会从以下几个方面对其进行详细描述:部位、大小、边界、边缘、形态、内部结构、血供情况。超声不是根据某一个特征判断其良恶性,而是根据这些特征综合判断,给出一个合适的分类。

TI-RADS(Thyroid Imaging Reporting And Data System)全称是甲状腺影像报告与数据系统。该系统的建立旨在规范甲状腺结节的描述及报告,对其恶性风险进行分层,判断结节为恶性的可能性大小,使医生与患者、医生与医生之间的沟通更为顺畅,为临床医生提供决策的参考条件。

表 1　TI-RADS 恶性风险分层

分类	意义	恶性率
TI-RADS 1	正常	0
TI-RADS 2	良性	0
TI-RADS 3	良性可能	<2%
TI-RADS 4A	低度可疑恶性	2%~10%
TI-RADS 4B	中度可疑恶性	10%~50%
TI-RADS 4C	高度可疑恶性	50%~90%
TI-RADS 5	高度提示恶性	>90%
TI-RADS 6	已病理证实为恶性	

各个类别的结节该如何处理？

TI-RADS 1 类：无需处理。

TI-RADS 2 类结节：恶性率为 0，一般无需处理。如果出现压迫症状或影响美观，则建议临床处理，患者可根据自身情况和意愿选择手术或微创消融治疗。

TI-RADS 3 类结节：恶性率 <2%，定期随访即可。如果随访过程中结节增大，或出现相关症状、影响美观，则建议临床处理，手术切除或病理证实为良性后行微创消融治疗。

TI-RADS 4A 类结节：

（1）如果结节最大径 >15 毫米，建议超声引导下细针穿刺（FNA, fine needle aspiration）；

（2）如果为单发，最大径 ≤ 10 毫米，且不邻近甲状腺被膜、气管、喉返神经，可选择定期随访；

（3）如果为多灶性，或者邻近气管、甲状腺被膜、喉返神经，则最大径 >10 毫米时考虑超声引导下 FNA；

（4）如果结节过大，产生压迫症状或影响美观，在病理证实为良性的情况下，参考 TI-RADS 3 类结节的处理建议。

TI-RADS 4B 类结节：

（1）如果最大径 >10 毫米，建议超声引导下 FNA；

（2）如果为单发，最大径 ≤ 10 毫米，且不邻近甲状腺被膜、气管、喉返神经，在患者充分知情同意的情况下，可选择积极的随访监测；

（3）如果为多灶性，或邻近气管、甲状腺被膜、喉返神经，则最大径 >5 毫米时可考虑超声引导下 FNA；

（4）如果最大径 <5 毫米，但为多灶性，或邻近气管、甲状腺被膜、喉返神经，是否行超声引导下 FNA 需综合考虑，如患者的焦虑程度、穿刺操作者的技能等。

TI-RADS 4C 类结节：处理同 4B 类结节。

TI-RADS 5 类结节：处理同 4B 类结节。如果颈部发现具有典型转移特征的淋巴结，在技术可行的前提下，同侧甲状腺内任意大小的可疑恶性结节需行超声引导下 FNA。

TI-RADS 6 类结节：已经病理证实为恶性，根据具体情况临床处理。

了解了 TI-RADS 分级后，你是不是能读懂甲状腺超声报告了，是不是也能够明白后续处理的原则了呢？

图 71　正确认识甲状腺结节

（插图：王怡婷）

（王芬）

甲状腺上的纸老虎
——聊聊"唬"人的皱缩结节

"结节明明变小了,TI-RADS 风险分类却升级了,医生居然让我不要担心,适度随诊就好!可是它,竖着长,有钙化,不规则……网上查说是肿瘤,但是,医生告诉我它只是长得唬人,其实很温柔!"为了消除疑虑,您是否也因甲状腺结节奔波了好几家医院呢?

今天我们就来聊聊甲状腺上的这只"纸老虎"——皱缩结节。

什么是皱缩结节?所谓皱缩结节,事实上就是甲状腺良性结节的退化,而启动这一退化的原因,一方面可以是良性结节的自发性出血,另一方面也可以是医源性诊疗干预后导致的创伤性出血,比如穿刺、消融等。接下来,结节内因为出血(液性成分增多)体积有可能会突然增大,但随着病程进展,结节内部的液性成分会逐渐被吸收,结节皱缩、塌陷。这一过程有点儿类似于因为果梗干枯而发生果粒皱缩的葡萄。那么在这里我们只要记住,皱缩结节是良性结节。

为什么良性的皱缩结节,超声检查评估时却给出了高风险等级?相信大家都听过希腊神话中的斯芬克斯之谜,我们讲皱缩结节,它也不光是一类病灶的总称,它更代表的是一个漫长且复杂的病理过程，短则数年，长的甚至是数十年。那么在这漫长的病程中，变化是它唯一不变的特点，不同时间段皲缩结节的超声图像是不同的。

这里选取了一例皲缩结节两年随访中具有典型意义的 3 个时间段的超声图像（如图 72），假如您在 A 时间段来就诊，恰逢结节内出血后不久，我们可以看到结节形态规则，边界清晰，就像是下图左侧上方果梗未干枯的葡萄，这时候的结节往往被超声评估为 TI-RADS 3 类；假如您在 B 时间段来就诊，结节内的液性成分几乎被完全吸收，结节塌陷皲缩，就像是中间未完全晒干的葡萄，这时候的结节又会被超声评估为 TI-RADS 3 类或 4A 类；假如您在 C 时间段来就诊，这时候的结节不光完全干燥，进一步的皲缩退化，让其无论从形态和内部都出现了恶性结节的特征，这个时候按照常规诊断思路必定将其评估为 TI-RADS 4 类。讲到这里，应该不难理解，

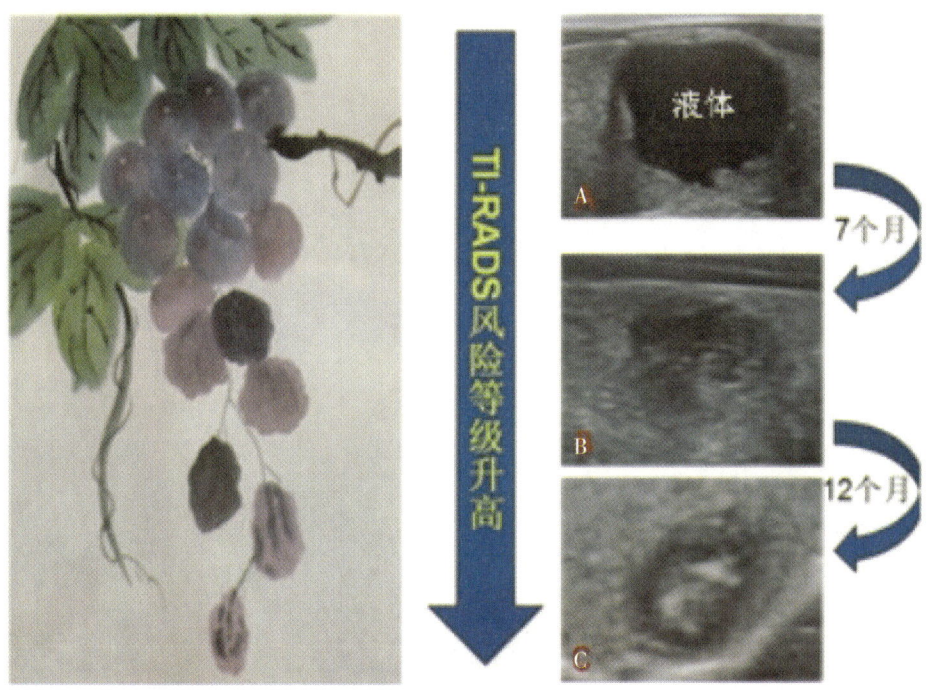

图 72　皲缩结节

皱缩结节的 TI-RADS 风险等级完全取决于您就诊的时间。

最后,要提醒大家注意的是:以往的超声报告不要随意丢弃,按照时间顺序整理保存,或是拍照留在手机里,就诊时可以给医生提供更全面的信息,医生通过前后检查报告的对比,很容易明确皱缩结节的诊断,省去了后续诸多不必要的诊疗。

(赵宜凡　胡滨)

乳腺超声

一棵开花的树——乳腺增生

随着人们健康意识的提高和体检的普及，越来越多的女性体检时发现乳腺增生，然而，对于什么是乳腺增生？乳腺增生的原因是什么？乳腺增生是病么？乳腺增生和乳腺疼痛是什么关系？乳腺增生需要治疗么？会癌变么？这些问题，老百姓往往并不知晓。

说到增生，大家可能觉得很神秘。事实上，增生的字面意思很简单，增生指的是器官或组织内实质细胞数量增多。比如，从受精卵生长发育为完整的人体，细胞每时每刻都在增生。还有一种增生大家都很熟悉，那就是子宫内膜的增生，青春期之后，女性子宫内膜的周期性增生和脱落，形成了月经。由此可见，增生可以是一种正常的生理现象。

成人女性的乳腺由一系列导管组成（大、中、小、终末），终末导管又叫腺泡，腺泡聚集形成乳腺小叶（图73）。

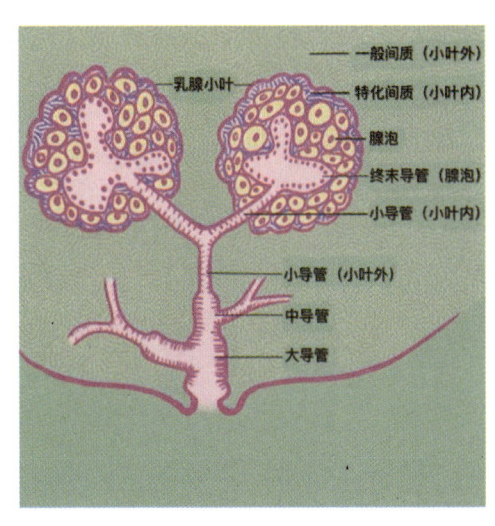

图73 乳腺解剖图

正常成年女性的乳腺整体结构形如一棵开花的树：小叶好比一簇簇花骨朵，小叶内分泌物依次流入小导管（小枝）、中导管（大枝），最后流入大导管（树干），大导管的开口位于乳头表面（图74）。

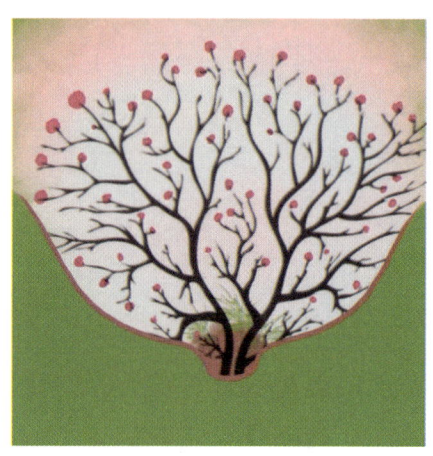

图74　正常乳腺

随着月经周期的变化，女性体内会分泌雌激素和孕激素，导致细胞增生，腺泡数目增多，小叶体积增大，并伴随有间质水肿，这个过程就是小叶增生。

雌孕激素就像一场春雨，让花骨朵竞相绽放，生机勃勃，花朵开放的过程可以理解成乳腺增生（图75）。

图75　乳腺增生

有些女性月经前会感到乳房肿胀、疼痛，可能就是由于乳腺管的扩张、充血以及乳房间质水肿所致。

由于雌孕激素撤退，月经来临后上述症状大多消失。月经是有周期性规律的，雌孕激素的周期性波动就使得乳腺也产生了增生—复旧—增生的周期性变化。因此，乳腺增生本身是一种正常的生理变化。

如果乳腺局部小叶、间质、导管反复增生，乳房内的质地就会发生不均匀改变，患者就可能摸到乳房有包块。

其他乳腺病变比如炎症、纤维腺瘤、乳腺癌等有可能和乳腺增生一起发生，但不能说这些是由乳腺增生发展变化而来的。

总之，随着月经周期和雌孕激素的变化，女性乳腺会产生增生—复旧—增生的周期性变化，乳腺增生本身不是一种疾病，而是生理性的变化。乳腺增生有可能会产生疼痛、结节等表现，都属于正常现象，不要过于焦虑和担心，不一定需要治疗。乳腺增生有可能和其他一些严重的乳腺病变并发，但乳腺增生并不是乳腺癌的原因。女性可以定期体检和寻求专科医生的帮助以减轻焦虑、排除其他严重病变。

（乐坚）

教你如何解读乳腺超声报告的 BI-RADS 分类

很多患者拿到乳腺超声报告的时候，对于超声结论的英文字母 BI-RADS 充满疑惑，对于这些英文字母后面的数字也是一无所知，自我恐慌，认为数字越大，自己的病情越严重，预后越不好。门诊中曾经碰到一个女性患者，检查过程中紧张兮兮地请求医生仔细帮她做检查，因为她说在其他医院被定为 BI-RADS 6 类了；部分患者认为自己的乳腺结节被诊断为 BI-RADS 4A，当被别的医生诊断为 BI-RADS 4B 的时候，就觉得自己的病情进展了，等待医生诊疗过程中，心情充满焦虑，寝食难安。面对这些现象，归根到底是患者对 BI-RADS 分类存在认识误区，需要我们科普 BI-RADS 分类。

BI-RADS 英文全称 Breast Imaging Reporting and Data System，翻译中文为乳腺影像报告和数据系统，是北美放射学会提出的，制订 BI-RADS 的目的是使乳腺病灶特征术语和评估结果标准化，使临床医生、影像医生、患者之间便于沟通，均能从中受益。了解超声报告的 BI-RADS 分类（表2），方能做到有病不慌，看到数字没疑惑，及时寻医就诊。

表 2 超声 BI-RADS 分类

评估分类	恶性风险
0 类	仅从超声无法判断,需进一步检查
1 类	无异常发现
2 类	良性(恶性风险为 0)
3 类	良性可能大(恶性风险 <2%)
4 类	4A 恶性可能性低(恶性风险 2%~10%)
	4B 恶性可能性中等(恶性风险 10%~50%)
	4C 恶性可能性高(恶性风险 50%~95%)
5 类	高度恶性(恶性风险 95%~100%)
6 类	活检证实为恶性

BI-RADS 0 类时,超声评估未完成。告诉患者仅依靠超声检查,无法准确评估,需要其他影像学检查进一步评估(如钼靶或 MRI 等)。如临床表现为乳头溢血,而超声未发现导管内病变;超声发现腺体内点状强回声,但未发现其他病灶等。

BI-RADS 1 类时,超声评估阴性,恶性风险 0%。需要注意的是,对于阴性的超声结果,不能除外钼靶上以钙化灶形式存在的乳腺癌,有时需要钼靶作为补充检查。为了安全起见,超声和钼靶可作为黄金搭档为患者健康保驾护航。

BI-RADS 2 类时,良性病变。如单纯囊肿,扩张导管(内部无病变),随访 2 年以上无变化的纤维腺瘤、脂肪瘤等。

BI-RADS 3 类时,良性病变可能性大。此类患者建议间隔 6 个月随访 1 次,病灶稳定即可仍为 3 类,随访 2 年以上,病灶无变化,可降为 2 类。

BI-RADS 4 类时,可疑异常。其中 4 类又分为三个亚型,根据病灶的形态特征,来判定其恶性风险的程度,分别为 4A、4B、4C。

当超声报告诊断结果为 BI-RADS 4 类的结节，建议咨询外科医生，采取干预措施或者短期随访。4A 恶性风险为低度，大多数病灶为良性，如部分纤维腺瘤、复杂囊肿、浆液性乳腺炎、术后瘢痕等。虽然为恶性低风险，但存在小概率的恶性可能性；因此不能掉以轻心，无视 4A 类的病灶。4B 恶性风险为中等，即病灶有高达 50% 的恶性风险，建议临床干预。4C 恶性风险为高度，即病灶有高达 95% 的恶性风险，建议临床干预。

BI-RADS 5 类时，病灶的恶性风险 ≥ 95%，建议临床干预。

BI-RADS 6 类，病灶经过病理活检确诊为恶性。

看到这些 BI-RADS 分类说明，您是否明白了，总体来看，分类级别越高，风险越高。但并不是绝对数字越大，预后越差。针对同一患者，不同医生给出的 BI-RADS 分类可能存在个体差异，不一定代表病情进展或好转了。病灶的预后不是由 BI-RADS 分类决定的，而是根据病灶的大小、有无远处转移及病理类型、免疫组化等多方面综合评估。

当您拿到一份超声报告时，BI-RADS 4A 类及以上的，要及时找外科医生寻求治疗方案；对于 BI-RADS 1~3 类的病灶，可以选择随访；遇到 BI-RADS 0 类的时候，不是代表没有病灶，而是要选择其他影像学检查进行进一步评估。

（智文祥）

浅表超声热点问题

乳腺体检应该做超声还是钼靶？

如果要问在乳腺门诊遇到的高频问题有哪些，下面这几条肯定位列其中：做超声好还是做钼靶好？都是检查乳腺，选一个不可以吗？为什么要重复检查？很多患者对此都很疑惑。这里明确告诉大家，超声和钼靶检查不存在孰优孰劣的问题，都是临床上乳腺检查的"法宝"，各自有所侧重，适用人群也有所不同。下面来简单介绍一下。

超声顾名思义是利用超声波对人体器官和组织进行成像。超声波是指超过正常人耳听觉上限的声波，频率在20000赫兹以上，目前诊断最常用的医学超声频率为2~15兆赫兹。声波本身是没有辐射的，所以超声检查也没有辐射，因此适用于任何年龄和生理时期，包括妊娠期和哺乳期。

超声对乳腺内的病变都有很高的敏感性，且不受腺体致密程度（脂肪组织含量越低越致密）的影响，可以实时、无创、多角度、全方位分析病变的形态特征和性质；并且可利用彩色多普勒血流成像（Color Doppler Flow Imaging，CDFI）观察病灶的血流情况；能够准确区分病灶内部是液体还是固体成分，可以清晰显示腋窝和锁骨上淋巴结情况。任何年龄段的女性均可接受超声检查。当然，超声也有它的缺点，就是对腺体内微小钙化的检测敏感性较低。而超声的缺点恰恰就是钼靶的优点。

钼靶即乳腺X线摄影，将乳房置于摄影平台上用夹板进行加压后利用低剂量X线穿透乳房组织进行摄片，就相当于给乳房拍个全身照，正面一张，侧面一张。目前乳腺X线摄影的单次辐射剂量是0.3~0.4毫希弗。自然界中本身就存在着低量的背景辐射，每人每年大约会有3毫希弗的背景辐射吸收量，因此可知钼靶的辐射量在安全范围内。但是一般不建议妊娠期、哺乳期或35岁以下的女性将钼靶作为常规检查。

钼靶的独特优势在于它对发现乳腺内的钙化有很高的敏感性，尤其是对微小钙化病变的诊断灵敏度最高，所以对于以钙化为主要表现的乳腺肿瘤，比如乳腺导管原位癌（Ductal Carcinoma in Situ，DCIS），钼靶具有重要的价值。值得注意的是钙化在良性病变中也可见，也就是说钙化不等于癌症，因此对于钼靶提示的钙化，应根据报告中的BI-RADS分类采取相应的策略，不应过度恐慌。说完了优点，自然是少不了缺点的，除了老百姓都知道的钼靶有少量的辐射、不宜短期重复检查之外，钼靶对致密性乳腺X线穿透力较差，随之诊断能力也有所下降。

说了这么多，担心大家记不住，最后总结一下。

（1）一般风险人群：40岁开始，推荐每1~2年进行1次钼靶检查；对于致密性腺体，推荐结合超声检查。

（2）高风险人群：40岁或更早，推荐每1年进行1次钼靶检查，每6~12个月进行1次超声检查，当然具体筛查频次应结合自身病史，咨询专科医生。

浅表超声热点问题

图 76　超声检查和钼靶检查

（插图：王怡婷）

（时兆婷　周瑾）

其他软组织

超声还能帮助诊断皮肤病？

张先生是一位年轻的销售经理，他生活充实、工作顺利，直到有一天他发现手臂上那个生来就有的小黑点突然变大了。怀着忐忑的心情，他来到一家三甲医院的皮肤科就诊，医生看后初步怀疑这个小黑点可能是黑色素瘤，让张先生准备病理活检，同时皮肤科医生还建议张先生进行一次超声检查。

"我看皮肤病，为什么还要做超声？"带着一个大大的问号，张先生走进了超声检查室。超声医师在询问了病史后，拿起探头对张先生手臂上的黑点进行了仔细的检查，然后又对黑点周围的区域进行了扫查，最后还在肘部和腋窝区域进行了检查。

检查结束后，张先生就刚才的疑问咨询了超声医师。超声医师笑着说："很多人都和你一样认为超声只能看肚子里的东西，殊不知，我们的超声仪器用处可大呢。就您的情况来说，我用超声设备上的高频探头显示了您皮肤上这个小黑点在表皮、真皮层和皮下组织内的大小、形态、深度以及内部血流情况，同时还在周围寻找是否有转移性病灶，另外，也在同侧肘部和腋窝检查是否存在形态异常的淋巴结，这些信息对皮肤肿瘤的分期、选择治疗方案以及判断预后都是必需的。如果后续病理结果证实您这个肿块是黑色素瘤的话,那你术后的定期复查还是需要超声帮助的。"听完医师的回答,张先生的疑问终于得到了解答。

我们知道,超声诊断作为一种无创、无痛、方便、直观的影像学技术已广泛应用于儿科、妇产科、心血管、腹部脏器、浅表小器官、神经肌骨等领域。随着高频及超高频超声成像技术的发展,超声技术也逐渐进入了皮肤病学专业。

在皮肤疾病的临床实践中,视诊也就是肉眼观察的诊断率一直徘徊在较低的水平,即使是有经验的医生,单靠肉眼的诊断,正确率也不超过60%,距离精准的诊疗要求还有很大差距。目前,常见的皮肤影像学技术主要包括皮肤镜、反射式共聚焦显微镜(Reflectance Confocal Microscopy, RCM)、光学相干断层扫描技术(Optical Coherence Tomography, OCT)和高频超声检查,它们检测和显示皮肤层次的能力(如图77)。

一般来说,20~75MHz 的超声探头能够很好地显示表皮、真皮和皮下组织三者之间的分界,对包括指甲、毛囊、微血管等皮肤附

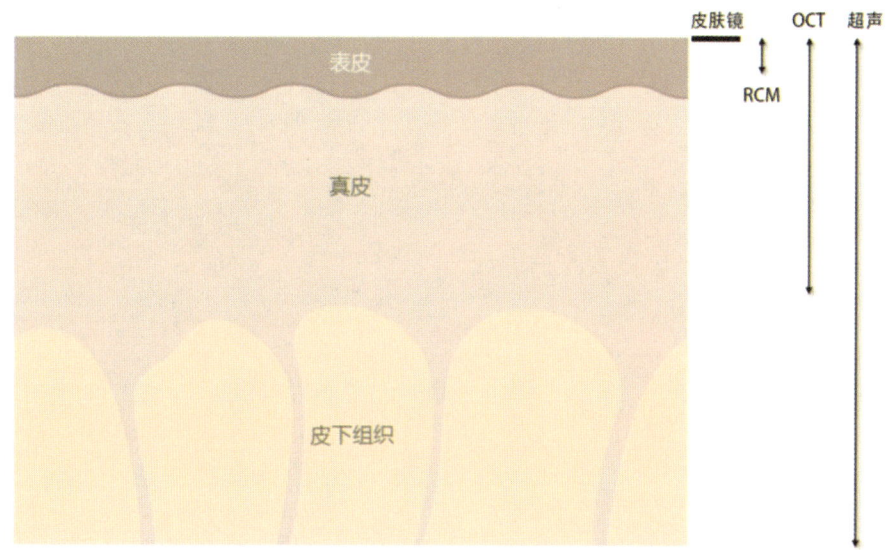

图77　皮肤结构分层示意图及四种影像工具显示深度的对比(右侧显示皮肤镜、共聚焦显微镜(RCM)、光学相干断层扫描(OCT)和超声技术检测皮肤的深度对比)

属器结构也能较好地显示。所以，超声能很好地解决 RCM 和 OCT 显示深度不够的问题，被称为皮肤科医师的"第三只眼"。

  总之，超声技术诊断皮肤疾病是一种非侵入性的诊断方法，它安全、无痛、快速，不需要任何特殊的准备，可在任意场所开展。今后，如果您在皮肤科门诊就诊时有医师提议您接受超声检查的话，也请不要拒绝哦！

（王意达）

皮肤出现小粉瘤，它是什么？

很多人都有这样的经历：皮肤上长出来一个小鼓包，摸上去硬硬的，中间有个"黑头"，用力挤一下，有时会出来像奶酪样臭臭的东西。那么，皮肤上出现的这种小"粉瘤"究竟是什么，要不要处理呢？

皮肤上的这种小鼓包，一般称之为粉瘤，很多医生会告诉你是皮脂腺囊肿，但是，这其实是一个错误的名称。在病理上，正确的叫法应该是表皮样囊肿和毛发囊肿，其中，最常见的叫法是表皮样囊肿。

什么是表皮样囊肿？

这种粉瘤和常见的粉刺可不是一回事儿。粉刺，即痤疮、青春痘，是毛囊皮脂腺的慢性炎症性疾病；而粉瘤称表皮样囊肿，是临床上比较常见的良性皮肤肿瘤，发病机制尚不明确，尽管来源于皮肤的表皮样囊肿可能与外伤有关，但现在大部分的观点都支持表皮样囊肿可能是一种单胚层源性的真性良性肿瘤。两者的治疗方法大不相同。

表皮样囊肿多为单发，偶为多发，多发于皮肤表面，如头皮、颜面、胸背等处，多数生长缓慢。当未合并感染时，患者一般无自觉症状。结节部位可见隆起的皮肤呈球形或半球形，大小不等，正常皮色，中等硬度，有弹性，与皮肤有粘连，不易推动，且无波动感，其中心部位有针头大小的脐孔凹样开口（图78）。

图78　表皮样囊肿示意图

表皮样囊肿是一种常见的良性皮内或皮下肿瘤。为了做出准确的诊断，需要结合病因学、流行病学、病理生理学、组织病理学、临床和影像学等方面的知识综合判断。表皮样囊肿不可以自行挤压，因为挤压会导致囊肿破裂和继发感染，患者需要到正规医院治疗。

高频超声如何诊断这种粉瘤呢？

我们常用来检查浅表器官的高频超声探头，可以清晰地检查出表皮样囊肿，一般中心频率10兆赫的高频探头，理论上的分辨率最高可以达到150微米。高频超声检查粉瘤时，可以观察到它的整体形态，比如结节形、匍匐形及不规则形；也可以观察出它的内部构成，比如囊性或者囊实混合性；可以分辨粉瘤累及的范围，突破了哪些分界线；还可以分辨角质层状态以及病灶皮下生长方式；超声还可以显示表皮囊肿的窦道形成；彩色多普勒超声可以观察其内有无血流信号,从而和其他一些类似的皮肤疾病相鉴别。

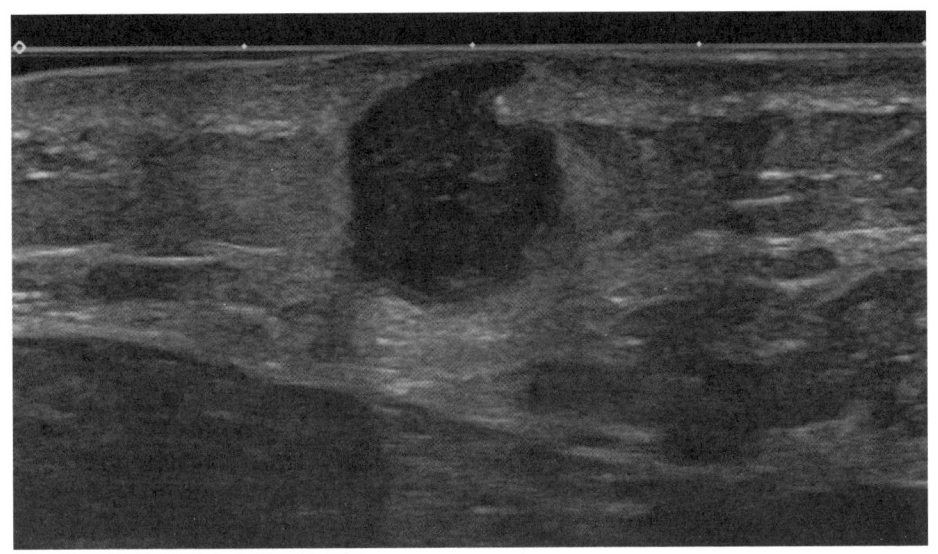

图 79 表皮样囊肿超声示意图

随着人们对皮肤疾病精准诊疗需求的不断增加,以高频超声为代表的无创诊断技术在皮肤病学领域的应用日益增多。我们可以通过多模态超声来帮助临床医生诊断以及鉴别诊断表皮样囊肿。

(张同)

颈部摸到肿大淋巴结，是淋巴瘤吗？

随着生活水平的逐步提高，老百姓越来越关注自己的健康问题，时不时也会对自己开展"自身体检"，摸摸看自己身上有什么异常。许多人会摸到脖子上有淋巴结，进而提出许多问题：淋巴结是什么？脖子上摸到淋巴结正常吗？会不会是淋巴瘤？摸到淋巴结接下来该怎么办？

淋巴结是人体免疫系统的重要组成部分，广泛地分布在全身各部位，在人体的免疫方面起到非常重要的作用。正常淋巴结呈椭圆形或蚕豆状，人体内共有约400~500个淋巴结，根据分布部位的不同，最大径在1~40毫米不等。鉴于分辨率高、无创、便捷、准确性高、可重复性好等特点，超声可以作为颈部淋巴结筛查的首选检查方法，对淋巴结的大小、形态、血流情况等予以判断，从而对淋巴结的良恶性给出初步的意见。

颈部摸到淋巴结也不必过度恐慌。首先，淋巴结的作用是对淋巴液进行过滤，消除有害物质。当人体某个部位的器官或组织产生炎症反应时，邻近部位的淋巴结会肿大、压痛，当炎症消退后，淋巴结也随之恢复正常。常见的牙龈炎、咽喉炎等也会引起颈部淋巴结肿大。其次，位于颈部的颈内静脉二腹肌淋巴结，其主要引流咽部和扁桃体的淋巴回流,几乎100%的个体的短径超过5毫米,70%的短径超过7毫米,无需干预。

颈部摸到淋巴结,临床上绝大多数都是正常或反应性增生的淋巴结,一般不需要特别处理。当然,除了上述的炎症反应或者正常的淋巴结,还有其他可能的原因,包括:①恶性肿瘤的颈部淋巴结转移,如肺癌、胃癌、甲状腺癌、鼻咽癌等;②淋巴结结核,常有结核病接触史;③淋巴瘤,可出现发热、皮肤瘙痒、盗汗及消瘦等全身症状。

鉴于颈部肿大淋巴结病因的多样性,人们不应过度紧张,但也不要掉以轻心,建议积极就诊、合理检查、制订相应方案配合治疗或随访。常规灰阶超声和彩色多普勒超声可以对颈部淋巴结进行初步判断,对于有恶性可能的异常肿大淋巴结,还可以通过超声引导下穿刺活检予以进一步诊断。

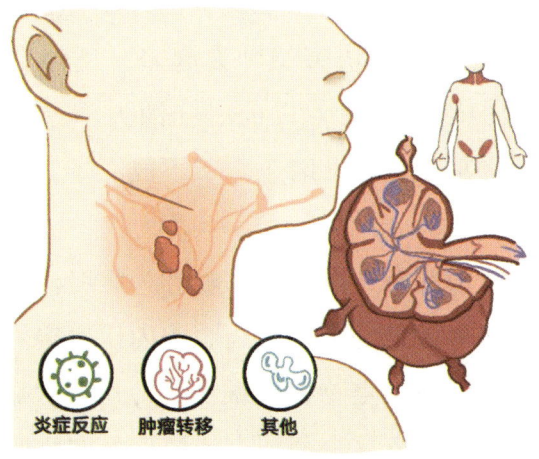

图80 淋巴结

(插图:王怡婷)

(徐国辉 许萍)

时隐时现的下腹部包块是什么？

王大爷和自己左侧下腹部的包块已经"和平相处"几年了，说来也怪，平时走路或者干活时这个包块就会变大，还会伴有胀胀的不适感，睡觉的时候包块又消失不见了，因为这个包块对自己的活动和生活没有任何影响，所以王大爷也并没有放在心上。直到有一天，王大爷发现这个包块突然肿大起来，还伴有明显的疼痛，躺下睡觉的时候包块也没有像以前一样消失不见，并且随着时间的推移，疼痛感更加明显。此时王大爷不放心了，决定到医院一探究竟……

在我们的大腿根部有一个地方，被称为腹股沟区，这个地方相对于腹壁其他地方来说最为薄弱。当腹腔内压力突然升高，例如长期咳嗽、长期便秘、搬运重物、妊娠、婴幼儿经常啼哭等，腹腔内组织或脏器可以通过腹壁这个薄弱点或缺损处向腹腔外突出，在体表形成一个包块，这个包块就是我们俗称的"疝气"，学名腹外疝。突出来的组织可以是小肠或网膜等，而突出来的部位可以发生在腹股沟区、阴囊、脐部等。

一般来说，腹股沟疝在老年男性和婴幼儿中发病率较高。主要症状是在腹股沟或阴囊部出现包块伴有下腹部胀痛不适，站立或咳嗽等情况下，腹压增加，会导致包块变大，平卧后包块则消失。但要注意的是，当包块出现明显疼痛、发硬，平卧后包块不能消失时，需及时就医，因为此时包块可能发生嵌顿，会引起疝内容物的缺血性坏死，可能导致肠梗阻、肠坏死、弥漫性腹膜炎等，严重的甚至会引起感染性休克，危及生命。对于婴幼儿的腹股沟疝，部分患儿在生长发育期一定的阶段可以自愈，若3~5岁仍没有自愈，则自愈的可能性极小。成人的腹股沟疝一般不会自愈。

那如何确定自己下腹部的包块是不是腹股沟疝呢？很简单，我们可以来做个超声检查明确诊断。

超声检查不仅可以清晰地显示出腹股沟疝的大小、疝出的内容物是什么组织或器官、疝的结构等特点，还可以显示疝囊颈的宽度和位置，也就是腹腔通向缺口的大小和位置。对于一些不明显的腹股沟疝，在超声检查过程中，医生还可以让患者通过站立位咳嗽、屏气来配合增加腹压，以诱发疝的出现，再让患者平躺后可以观察疝是否可以完全回纳到腹腔内，甚至还可以此确定疝是否发生嵌顿。综上，超声检查不仅方便、准确，还可以观察腹外疝的动态变化。

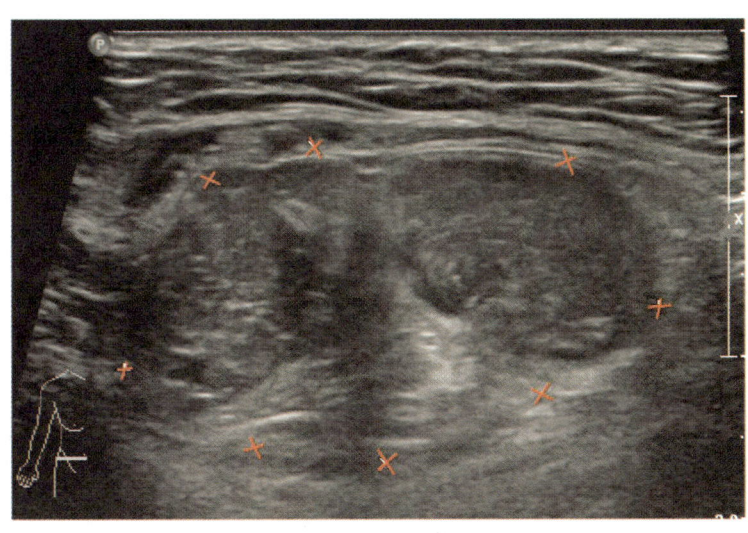

图81 腹股沟疝病灶通常边界清晰，呈椭圆形或长条状，内为液性或实性混合回声，并可通向腹腔，呈烟斗状。

治疗方面一般多采用疝修补手术治疗。常用的手术方式就是在腹股沟区切开一个切口，在缺损处放置补片把缺口补上就可以了。

（徐文涵）

手指剧痛难忍是为何？

王女士一处指甲根部出现了不明原因的疼痛，甚至无意间轻轻一碰后出现撕心裂肺的痛，自己仔细看了看手指，不红也不肿，表面也没看出什么特殊变化。来医院就诊，医生询问病史后，申请手部超声检查。超声结果提示甲下血管球瘤。手术治疗后，疼痛的症状逐渐消失。王女士很纳闷，指甲表面看上去好好的，怎么就长肿瘤了？这小小的肿瘤怎么会如此痛呢？

什么是血管球瘤？

血管球瘤是一种罕见的良性肿瘤，几乎可以发生于任何部位，但多见于四肢远端，尤其是甲下。血管球瘤多发于青壮年（20~50岁），女性多见。瘤体大多小于10毫米，临床常常容易误诊或漏诊。

血管球瘤会有哪些症状？

典型的临床表现：自发性、间歇性剧痛，难以忍受的触痛，遇冷疼痛加剧；外观上指甲可正常，或者随着瘤体长大，甲下可出现蓝色、紫色斑点等。

血管球瘤体具有温度调节的作用，动静脉吻合通路间有一种神经—平滑肌装置，其内部具有丰富的交感神经纤维及感觉神经纤维。寒冷刺激导致血管球瘤内部压力升高，传导至无髓神经纤维，从而产生剧烈疼痛。

怀疑血管球瘤，超声如何来诊断？

超声检查可以清晰显示正常的甲下结构，能准确地评估血管球瘤的位置、形态、大小及内部的血流分布。血管球瘤超声检查时甲床可见低回声结节，形态规则，边界清，内部回声均匀，病灶内见较丰富的血流信号（如图82、83）。

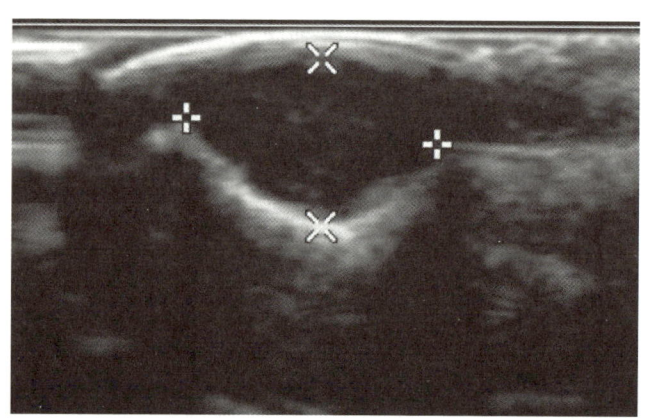

图82 灰阶超声示甲床低回声结节

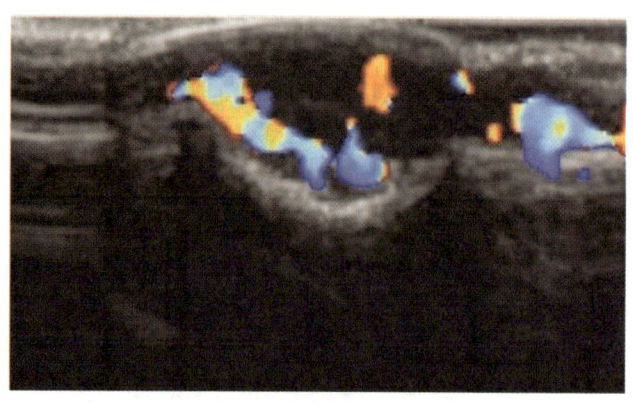

图83 彩超显示肿块内较丰富的血流信号

血管球瘤怎么治疗？

甲下血管球瘤一经确诊，手术完整切除瘤体是公认的唯一有效的治疗方法。

总之，甲下血管球瘤虽不危及患者生命，但它带来的痛苦严重影响患者的生活质量。如果您有手指、脚趾不明原因的疼痛，遇冷或触碰后疼痛加剧，有可能是甲下血管球瘤在作怪。此时可首选高频超声进行检查诊断，同时可利用超声技术在术前准确定位，减少手术创伤。

（刘丹茹）

No. 1656808

处方笺

血管超声
热点问题

医师：_____

临床名医的心血之作……

颈部血管

有颈动脉斑块一定会脑梗死吗?

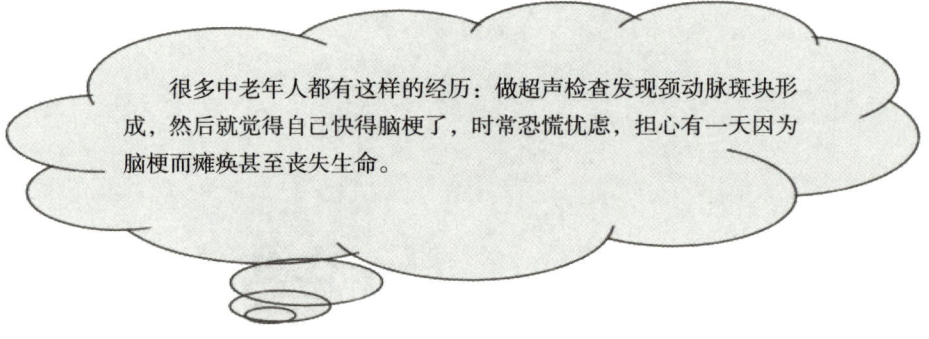

很多中老年人都有这样的经历:做超声检查发现颈动脉斑块形成,然后就觉得自己快得脑梗了,时常恐慌忧虑,担心有一天因为脑梗而瘫痪甚至丧失生命。

颈动脉斑块在动脉血流昼夜不停的冲刷下,就像"已经风化的石灰墙面",极易发生破溃、脱落,而脱落的斑块会随着血液流入大脑,阻塞大脑内的小血管,导致脑梗死或更严重的脑出血,如果抢救不及时,便会丢掉性命。那颈动脉斑块一定会引发脑梗死吗?当然不一定。有颈动脉斑块之后会不会引发脑梗死,关键是要准确了解自己的病情,配合医生,积极应对。

颈动脉在我们脖子的两侧,用手就可以摸到它在"跳动",全身的血液都会流经这里。如果血流里的杂质较多,颈动脉就容易形成斑块,发现颈动脉斑块常常意味着全身其他动脉也可能存在斑块。

超声是如何判断颈动脉斑块的危险性的呢？

通过对超声报告中的斑块大小、形态、回声，斑块内部的血流情况，斑块导致的狭窄程度等指标可以做一个粗略判断。

（1）斑块的大小：斑块越大越危险，但是不像高血压我们有明确的分界，大于140/90毫米汞柱就是高血压，而斑块不是，还需要结合其他指标综合判断。

（2）斑块形态：表面光滑，形态规则，表示斑块危险性小；而表面毛糙，形态不规则，甚至斑块表面出现溃疡，则表示斑块较危险，容易脱落。

（3）斑块回声：低回声斑块通常含有较少的钙化和较多的斑块内出血及脂质核心，这都使得斑块不稳定，因此，低回声斑块危险性较高；而高回声的斑块含有较多的钙化组织、纤维组织和胶原，因此也更加的稳定，危险性较低。

（4）斑块内血流：斑块内血流越丰富，斑块长得越快，稳定性也就越差，但是普通超声没有那么高的精确度，所以有时候需要借助超声造影来仔细地评估。

（5）斑块导致的狭窄程度：没有狭窄的扁平状斑块，肯定比导致狭窄的高耸的斑块好。高耸的斑块受血流冲击更容易脱落，危险性也就高。

简单理解就是斑块越大，形态越不规则，回声越低，斑块血流越丰富，斑块导致血管狭窄大于50%，那么危险性就越高，需要积极采取药物或手术治疗。相反，则危险性越低，低风险斑块可根据合并基础疾病、血脂高低等情况决定治疗和预防措施。

如果还没做超声检查，如何知道自己的斑块是不是危险的呢？

我们可以根据是不是出现了大脑缺血的相关症状来判断，主要有：头晕头痛、肢体无力、手脚麻木、手脚不灵活、吐字不清楚、说话困难等。如果出现了这些情况，一定要及时去医院检查，不可大意。

查出颈动脉斑块以后，如何积极应对来避免脑梗发生呢？

首先，要改善生活方式，包括控制饮食，少食多餐，坚持低盐、低脂、清淡饮食，增加运动，减轻体重，戒烟限酒等，这些措施有助于降低血液中的胆固醇水平，防止斑块进一步增多增大。其次，高血压、糖尿病是导致斑块形成的重要因素，要积极控制血压血糖。最后，要合理使用药物如他汀类药物等进行治疗。

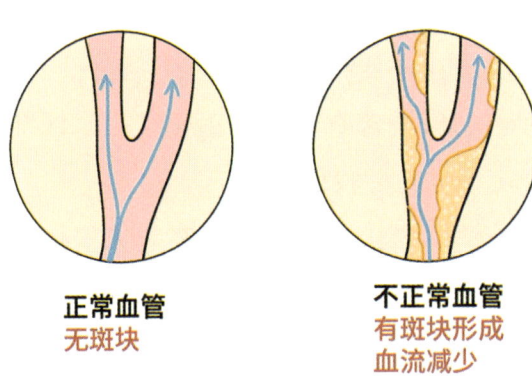

图84 无斑块血管和有斑块血管

（郭语清　王彦和　邢晋放）

管中窥"爆",可见一"斑"
——颈动脉超声报告怎么看?

今天又是医院超声科普通而忙碌的一天,今年70岁的张大爷刚刚做完检查,拿到超声报告后匆匆走到等候区坐下,掏出怀中的老花眼镜,开始大声"朗诵"检查结果:"双侧颈动脉硬化斑块形成。哎呀!这下完了!我的血管要堵了!"旁边的葛阿姨闻言赶紧凑过来看看,问道:"哎,你查出什么问题啦?"大爷一本正经地说:"你看,我的超声结果显示血管斑块形成,这以后斑块越长越大,血管就要堵了,这血管堵住,血液不流动了,人不就要死了吗?"张大爷越说越沮丧,满脸愁容,左右邻座纷纷投来同情的目光,正巧超声科的小杨医生经过,听到张大爷的话有些哭笑不得,她拿起张大爷的超声报告跟他耐心解释起来……

那么,颈动脉超声报告怎么看?

首先,我们要知道颈动脉超声看什么?

颈动脉超声可以检查的血管包括:双侧的颈总动脉、双侧的颈内动脉、双侧的颈外动脉、双侧的椎动脉、双侧的锁骨下动脉。

需要观察的内容包括:血管的内中膜是否增厚、是否光滑、是否有斑块，斑块的大小、位置、形态、回声、表面有无溃疡，是否导致管腔狭窄，斑块内部是否有血流信号等。

内中膜增厚是怎么回事？

血管壁包括内膜、中膜和外膜三层，内中膜厚度指的是血管壁内膜和中膜的厚度，随着年龄的增长内中膜厚度也会逐渐增加。和人老了会长皱纹一样，内中膜厚度增厚反映了血管壁的老化。平均年龄每增长 10 岁，内中膜厚度就增加 0.1 毫米。当内中膜厚度超过 1.0 毫米时，就可以诊断内中膜增厚。内中膜增厚经常是动脉粥样硬化的早期表现，增厚到一定程度就是动脉粥样硬化斑块了。不过，血管的老化程度不一定与年龄成正比，高血压、大动脉炎等疾病也可导致内中膜增厚。

颈动脉狭窄怎么看？

当内中膜厚度超过 1.5 毫米时，超声可以诊断为动脉斑块形成。如果斑块较大较多，引起血管狭窄，超声报告会提示颈动脉的狭窄率，比如：颈动脉狭窄 70% 就是指颈动脉"已经堵了 70%，还剩下 30% 是通的"。狭窄率在 50% 及以下一般不会引起血流灌注异常，建议超声随访。但是，若高血压、高血脂等危险因素不能控制，会导致斑块增大、突然破裂、继发血栓、堵塞血管，甚至发生脑卒中。

狭窄 70% 以上可直接导致脑血流的灌注异常，出现脑缺血甚至脑卒中。如果有良好的侧支循环途径，在一段时间内患者可能没有什么症状。但是，一旦患者的侧支循环供血能力耗尽，就会导致脑卒中。

另外，如果超声报告提示血流速度增高或者其他血流动力学参数异常，则需要进行经颅多普勒超声检查，进一步检查颅内血管是否存在异常。

（羊馨玥　胡滨）

血管超声热点问题

藏在血管里的"盗血贼"

见过盗钱的,盗物的,还有盗号的……,但是您见过盗血的吗?家住上海金山的尤大爷就碰到了这糟心事儿。

66岁的尤大爷退休在家,最近这段时间总觉得左手没力气,头晕乎乎的,刚开始以为得了流感,休息一下就会没事。这天尤大爷同往常一样,正要出门眼一花就倒在了地上,这可把老伴急坏了,急救车送到医院,右手收缩压168毫米汞柱,左手收缩压106毫米汞柱,左手比右手足足低了62毫米汞柱,医生推断可能是"盗血综合征",需要做进一步检查。这时,尤大爷醒了,"什么?我的血被偷了?"

这大爷还真幽默,那什么是"盗血综合征"呢?谁偷了尤大爷的血?又是怎么被偷的?

什么是盗血综合征?

当人体内某一动脉管道发生完全或局部闭塞,远端血管压力明显下降,会产生"虹吸"作用,从近侧血管窃取血液,从而导致邻近血管的供血区供血不足的情况。

谁偷了尤大爷的血?

尤大爷患有高血压、高血脂、糖尿病,3年前还患过一次程度较轻的脑梗死。尤大爷被安排做了颈部及上肢血管检查,原来罪魁祸首是它——锁骨下动脉斑块。左侧锁骨下动脉及椎动脉内斑块形成,造成锁骨下动脉狭窄,远段左侧椎动脉内显示血液倒流。

那血液又是怎么被偷的?

正常情况下,双侧锁骨下动脉发出腋动脉供应双侧上肢,发出椎动脉与双侧颈内动脉一起供应大脑(图85)。

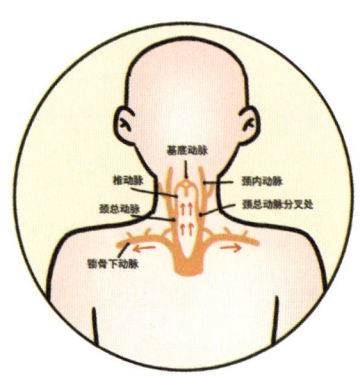

图85 正常情况下大脑及双侧上肢血流走向

像尤大爷那样,当左锁骨下动脉因为粥样斑块形成,造成管腔狭窄时,原本从腋动脉供应上肢的血液不足以满足上肢营养,于是就通过锁骨下动脉、椎动脉"盗取"大脑内的血流来供应上肢(图86),这样导致大脑缺血,上肢血压过低。

尤大爷又接受了数字减影血管造影检查,明确了病因,接下来,自然是转入血管外科接受进一步治疗了。

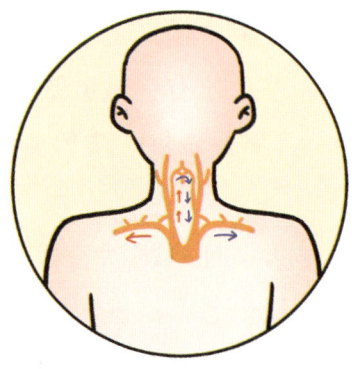

图86 左锁骨下动脉盗血时,大脑及双侧上肢血流走向

温馨提示

狭窄除了可发生在锁骨下动脉,还可以发生在椎—基底动脉、颈内动脉。如果您患有高血压、高血脂、糖尿病等基础疾病,还表现为头晕、失眠、视力异常、肢体偏瘫、偏身感觉障碍、失语等症

状，一定要进行定期检查。患有盗血综合征的人群，尽早就诊检查并遵医嘱积极治疗，可缓解不适症状。

(张志华)

胸腹部血管

老年人肚子痛，当心腹主动脉瘤

不久前，70 岁的王大爷在晨练时突发腹部撕裂样疼痛，被紧急送往医院。经过彩色多普勒超声检查发现患者腹腔内有大量出血，CT 图像上腹主动脉管壁已经出现破口，患者生命垂危，医院马上安排王大爷进行手术治疗。那么，到底什么是腹主动脉瘤呢？为什么动脉瘤破裂的后果如此严重呢？

腹主动脉瘤的发病率在 1.8%~6.6% 之间，是威胁老年人生命的疾病之一。腹主动脉瘤的主要发病因素是动脉壁退行性变，其他因素包括动脉粥样硬化、高龄、男性、吸烟、家族史和高血压等。由于腹主动脉瘤在腹部，周围组织疏松柔软，所以多数患者并无感觉。当动脉瘤破裂时，则会引起患者腰背部突发的剧烈疼痛、下肢疼痛甚至休克等症状。

腹主动脉瘤一旦发生破裂，留给患者和医生的时间非常短。超过 60% 的患者根本来不及到医院就已死于出血性休克，就算送到医院，破裂腹主动脉瘤的抢救成功率也不超过 50%。所以早期发现，早期治疗非常重要。那么，我们可以通过什么检查检出腹主动脉瘤呢？

彩色多普勒超声作为一种简便、无创、准确、重复性佳的检查方法，不仅可清楚地显示腹主动脉正常段及扩张段的管径，还可以用来评估动脉瘤的增长速度，对腹主动脉瘤的筛查和定期复查起着非常重要的作用。一旦确诊是该疾病，医生还会根据具体情况做进一步动脉增强显像检查来更加精确地了解病情，并确定治疗计划。一般来说，腹主动脉直径增大一半以上即考虑腹主动脉瘤。腹主动脉瘤瘤体直径的大小与处理方式息息相关，瘤体直径＜5厘米时，可定期复查随访；当瘤体直径≥5厘米，或其年增长速度≥1厘米，或每半年增长速度＞0.5厘米时，或无论动脉瘤大小，凡出现腹痛等破裂征象者，均需手术治疗。

腹主动脉瘤患者需要注意的事项如下：

（1）戒烟酒，多吃蔬果，保持大便通畅；

（2）严格控制血压、血糖及血脂；

（3）定期随访；

（4）腰腹痛或触及腹部搏动性包块，需及时就医。

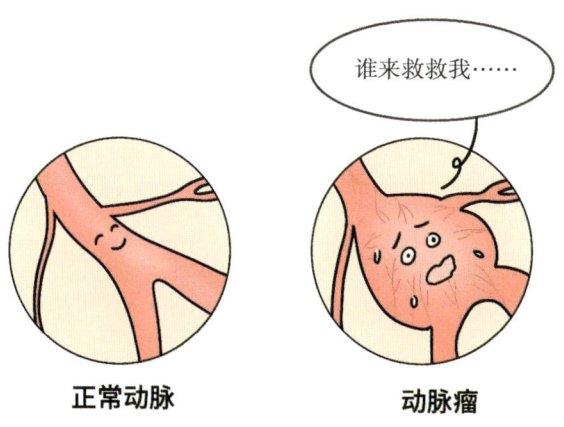

图87 正常动脉和动脉瘤

（方靓）

假亦假，瘤非瘤，假性动脉瘤

假性动脉瘤是假的吗？是的。

假性动脉瘤是肿瘤吗？不是。

假性动脉瘤指的是动脉管壁破裂或穿破，血液从破口流出，被动脉邻近的组织包裹而形成的血肿。假性动脉瘤之所以称为"假性"，是有别于动脉局部扩张形成的真性动脉瘤。真性动脉瘤具有动脉血管的外膜、中层弹力纤维和内膜3层结构。假性动脉瘤之所以称之为"瘤"，是因为它具有"瘤"的形态。

假性动脉瘤常见于腹主动脉、桡动脉和股动脉等，多由创伤所致，是血管损伤后的并发症，可因火器伤、刺伤、医源性损伤等导致动脉壁全层破裂而形成。假性动脉瘤的病因中，心脏导管介入性检查或治疗操作后的医源性损伤相对常见，发生率为0.3%~8.0%；另外部分肥胖、高龄的女性也较容易患上股动脉假性动脉瘤。动脉搏动的持续冲击力使得血液经血管破口持续流出，流出的血液被血管周围较厚的软组织包裹，在局部形成与动脉相通的搏动性血肿。约在伤后1个月，血肿机化形成外壁，血肿腔内面为动脉内膜细胞延伸形成的内膜。

假性动脉瘤临床多表现为局部肿块，并有膨胀性搏动，可触及震颤，听到收缩期杂音。压迫动脉近心侧可使肿块缩小，紧张度降低,搏动停止,震颤与杂音消失。如瘤内有附壁血栓形成,有可能发生血栓迁移,引起远侧动脉栓塞而产生相应症状,也可因创伤或内在压力增加而破裂出血。得不到及时治疗的假性动脉瘤可能会产生血管破裂、血栓栓塞、压迫周围神经组织、皮肤和皮下组织坏死及显著失血等不良后果,因此及时的检查和治疗是非常重要的。

超声具有方便快捷、图像清晰、分辨率高等优势,并且可以观察血流动力学改变情况,在假性动脉瘤的诊断、指导临床治疗和监测治疗效果中发挥着重要作用。灰阶超声主要作用是进行形态学研究,可快速发现假性动脉瘤,观察假性动脉瘤的结构,判断有无血栓形成,分析假性动脉瘤与动脉的关系,观察有无窦道形成,测量假性动脉瘤的大小和血管破裂口的尺寸。如果动脉破裂口尚未闭合,彩色多普勒超声可以观察血液经动脉射出的状态,瘤体内的血流往往表现为红蓝相间的涡流,很好地反映了血液在瘤体内的流动状态和方向。

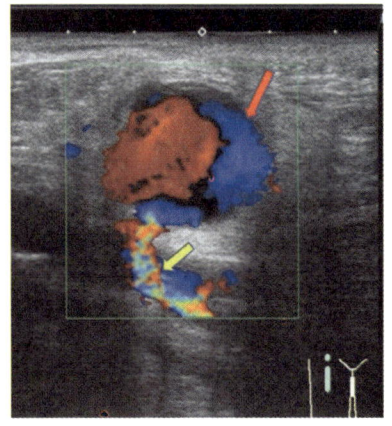

图88 股动脉假性动脉瘤彩色多普勒血流成像表现

假性动脉瘤如果发生于腹主动脉等深部血管,则需要积极外科治疗;如果发生于四肢等比较表浅的血管,则需要继续加压包扎。如果动脉的破裂口已经闭合,彩色多普勒超声将不显示彩色的血流信号,这个时候就提示临床可以降低包扎的力量或解除加压包扎。

假性动脉瘤
彩色多普勒超声表现
(动态图)

血液从股动脉经窦道流向瘤体,由于流速较高,在窦道处表现为花色血流信号;血液在瘤体内形成涡流,表现为红蓝相间的血流信号。

(陈林)

心脏里的扑克牌——"黑桃"

扑克牌游戏使人们心情愉悦,但是最近王先生提起扑克牌却尤为苦恼。原来王先生平时心脏没有什么不舒服,但是体检心电图提示左心室肥厚,医生经过心超检查,告诉王先生他的左室腔形似扑克牌中的"黑桃",得了"黑桃"形心肌病——心尖肥厚型心肌病(图89)。

心尖肥厚型心肌病是什么?

心尖肥厚型心肌病指心室肥厚主要累及左心室乳头肌以下的心尖部,属于肥厚型心肌病中的特殊类型。心尖肥厚型心肌病并不罕见。

近30%~40%的患者无明显的症状,多在体检时意外发现。常见的症状有胸闷、胸痛、活动耐力下降、心悸、晕厥等。

心尖肥厚型心肌病遗传吗?

心尖肥厚型心肌病患者的阳性家族史不常见。约25%的患者有基因突变,基因型阳性的患者多有家族史。

怎么诊断心尖肥厚型心肌病？

心尖肥厚型心肌病诊断的首选方法则为心超。心超显示心尖部心腔明显狭小，基底段心腔基本正常，心腔初看起来像扑克牌中"黑桃"的形状。左室心腔超声造影也是一种安全、可靠的检查方法，造影剂微泡通过肺循环进入左心系统，从而进入体循环，对心肺功能、冠脉循环及体循环、心肌酶学指标等无任何影响。可有效显示心内膜，降低或消除因患者肥胖、肺部疾病、体位受限等因素对心脏功能评估及疾病诊断的影响。

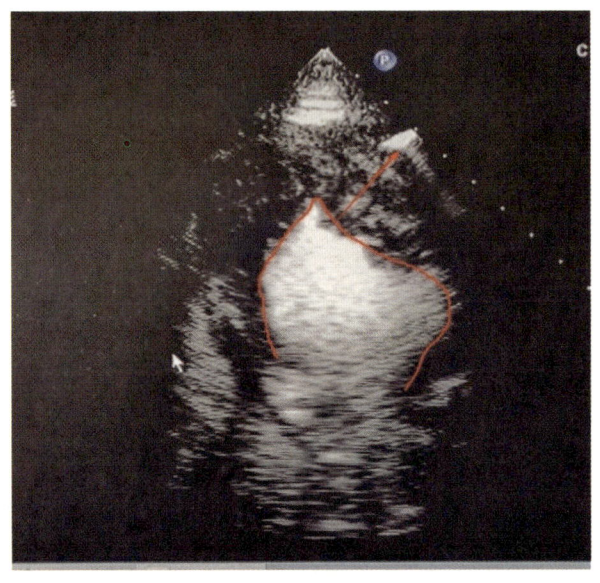

图89　心尖肥厚型心肌病患者舒张末期心尖四腔心切面图像。左心室心尖部明显增厚，心腔呈"黑桃"形

确诊了"黑桃心"，除了吃药治疗外，生活中该注意什么？

心尖肥厚型心肌病患者应当均衡饮食，将体重指数保持在合适范围内，减少食盐的摄入量，多选择植物类的食物等。建议少食多餐，减少餐后的即刻活动，保持出入量基本平衡。不建议饮酒。可以参加低或中强度的运动和娱乐活动。

专家寄语

　　心电图异常时，即便没有症状也要重视，在临床医生指导下进行下一步检查治疗。超声是本病首选的诊断方法，而当超声怀疑此病但又不能确诊时，可进行左室心腔超声造影。而一旦确诊该病，应每1~2年进行1次心脏超声、动态心电图等检查的随访。

（王树松）

突发撕裂样胸痛，警惕主动脉夹层

李大爷晚上突然觉得胸背部剧烈疼痛，疼痛呈撕裂样，家人慌忙送他至医院，检查后发现主动脉夹层破裂，紧急进行急诊手术，医生说幸亏抢救及时，否则后果严重。

那么，什么是主动脉夹层呢？

我们知道，主动脉是人体内的主干道，从心脏泵出的血液通过主动脉及其分支到达机体各处。主动脉管壁由 3 层结构组成，分别为内膜、中膜及外膜。内膜最薄，中膜含有大量弹性纤维和平滑肌组织，具有很好的弹性去承受血流的冲击，外膜包绕在最外围。当主动脉管壁强度不足以承受管腔内高速血流的冲击时，内膜容易发生撕裂，高压的血流沿撕裂的破口流入内膜与中外膜之间，强行撕成一个腔隙，即为主动脉夹层，此腔隙为假腔，原先的血管腔为真腔。随着血流不断流入，夹层范围越来越大，最严重可波及主动脉全程，使假腔越来越大，真腔越来越小，并可能导致破裂出血或重要脏器缺血等灾难性的后果。

主动脉夹层典型症状为剧烈胸背部撕裂样疼痛。根据夹层的部位和累及范围可分为 Stanford A 型和 Stanford B 型，其中 Stanford A 型

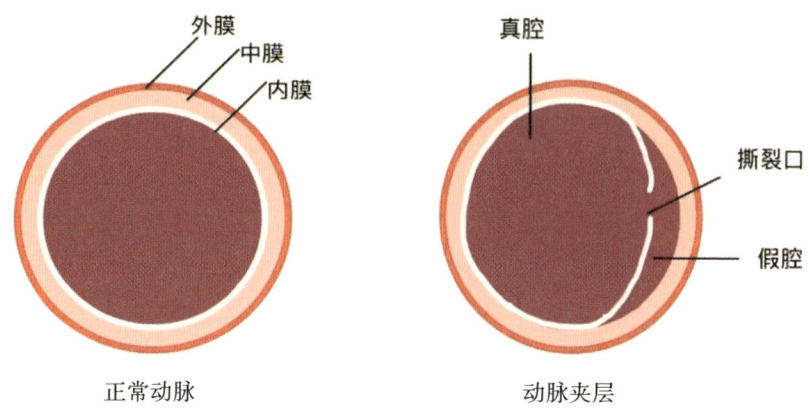

图 90　正常动脉和动脉夹层

破口位于升主动脉，进而可累及整个主动脉，临床症状多样，进展快。故而尽早诊断、准确分型以便及时选择最佳治疗方案，对主动脉夹层患者至关重要。

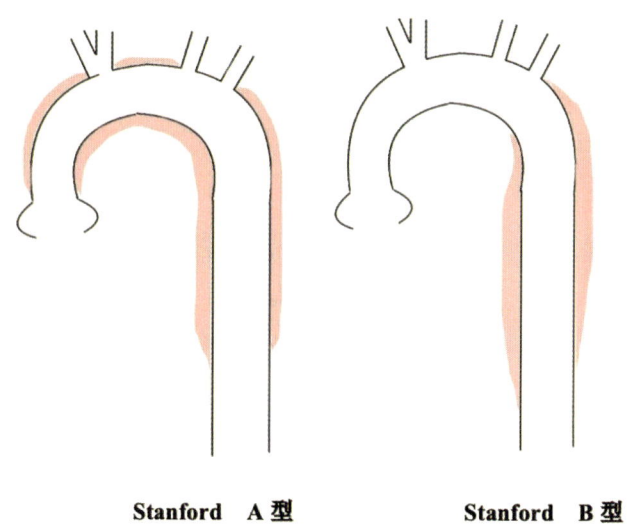

图 91　主动脉夹层分型

主动脉夹层那么凶险，如何准确诊断呢？超声能做些什么呢？

主动脉夹层的明确诊断主要依靠影像学检查，超声和增强 CT 检查是目前诊断主动脉夹层常用的方法，其中增强 CT 检查是金标准；但超声胜在检查方便，可快速行床旁检查，且无需造影剂，在急性胸痛疑似主动脉夹层的诊断中起着重要作用。

超声诊断主动脉夹层主要包括经胸超声心动图（Trans Thoracic Echocardiography，TTE）、经食管超声心动图（Trans Esophageal Echocardiography，TEE）以及腹部超声。其中TTE有助于对近端主动脉（主动脉弓和升主动脉）夹层的初筛，TEE可观察到几乎整个胸主动脉，腹部超声可以扫查腹主动脉。超声可以显示：①主动脉内径，有无内膜撕裂、内膜片漂浮，有无真假腔；②是否累及主动脉瓣、主动脉瓣反流的程度，有无心包积液，评估心脏功能；③快速查看分支受累情况，判断重要脏器血流灌注，这些均可为治疗方案和手术方式的选择提供影像学依据。

对于老年人，尤其是有高血压患者，一旦出现突发剧烈撕裂样胸痛，一定要及时到医院就诊，避免延误治疗。

（张音佳）

四肢血管

走一会儿路就腿痛，
小心下肢闭塞性动脉硬化症

李老伯家住五楼，每次上下楼需要走一段楼梯，不知从何时开始，李老伯一走路就出现小腿酸痛，下楼过程中必须休息一会儿。随着时间的推移，他走路的距离愈发缩短，停的次数也越来越多。最近，这种走路缓慢、走走停停的情况更加严重，于是李老伯来到医院血管外科就诊，医生建议李老伯做下肢血管彩超检查。经过超声医生的检查，发现李老伯下肢多条动脉出现了硬化闭塞和狭窄，超声诊断为下肢闭塞性动脉硬化症。

近年来，随着人们生活水平的日益提高以及人口老龄化的加重，我国下肢闭塞性动脉硬化症患者的数量不断增加，而吸烟、糖尿病、高血压、高血脂等则是构成该病的主要危险因素。患者常表现为下肢发凉麻木、间歇性跛行、静息痛、足底足背的皮肤颜色苍白，严重者甚至需要截肢。而像李老伯这样表现为行走一段距离后出现小腿肌肉酸痛乏力，需要停止并休息数分钟后才能继续活动行走的情况，在医学上被称之为"间歇性跛行"，出现这些情况，就需要到医院就诊了。

下肢动脉硬化闭塞症容易与腰椎间盘突出症、脉管炎等疾病相混淆，确诊需要进一步的辅助检查，主要包括血管彩色多普勒超声、CT血管成像、动脉X线数字减影造影等影像学检查。而彩色多普勒超声是首选的诊断下肢动脉硬化性疾病的方法，它能对我们肢体动脉的形态学和血流动力学的改变做出准确评价。

一旦动脉出现闭塞、狭窄，灰阶超声检查可以发现等回声或低回声斑块形成，动脉管腔变细。而彩色多普勒超声则会出现狭窄、闭塞处的血流充盈缺损或血流束变细、狭窄处最大血流速度加快、侧支循环形成等表现。

目前治疗方法主要包括以锻炼和药物为主的非手术治疗，以及包括开放性手术和腔内治疗的血运重建。随着技术发展和治疗理念的改变，腔内治疗疗效不断提高，逐渐成为首选方法。

图92　间歇性跛行

（吕仁华　王涌）

久站久坐，当心下肢静脉曲张

临床工作中，我们常常会遇到一些"老烂腿""色素腿"的患者到超声科检查下肢血管，患者会疑惑地问："医生我这是起湿疹了？"或是"皮肤破溃发炎了，包扎一下开点消炎药就可以了，为什么要做超声检查啊，这个检查是什么作用呀？"我们一般会说："给您检查一下下肢血管，看看有没有下肢静脉曲张，排除一下是否合并静脉血栓。""静脉曲张还会引起皮肤破溃啊，我以为只是那种'蚯蚓腿'呢！"

下肢静脉曲张实际上是一类易被忽视的常见病，有一些人往往拖到皮肤破溃迁延不愈才来就诊，不仅自己承受了长期的病痛，也给治疗带来了困难。实际上正确地认识以及预防下肢静脉曲张并不难。

首先，什么是下肢静脉曲张呢？即下肢浅静脉异常迂曲扩张，俗称"蚯蚓腿""浮脚筋"。

那么，哪些人容易得下肢静脉曲张呢？下肢静脉曲张更偏爱久站久坐或者长期从事重体力劳动的人，例如教师、外科医生、商场柜员、军人、搬运工等。正常情况下，静脉瓣可以抵御住站立时血液逆流的压力，使血液由单一方向由远端肢体回流到心脏，然而由

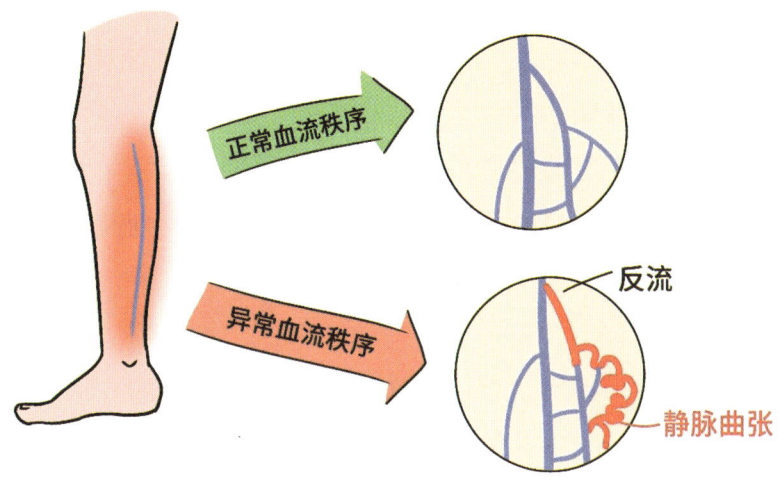

图 93　下肢静脉曲张

于久站久坐或长期静脉压力过大，静脉瓣不堪重负造成瓣膜功能障碍，出现相对关闭不全，血液发生逆流，淤积在下肢静脉中，长此以往就表现出静脉迂曲扩张。

根据美国静脉学会 CEAP（C, clinical features, 临床表现；E, etiology, 病因学；A, anatomic distribution, 解剖分布；P, pathophysiology, 病理生理学）分类法，将下肢静脉曲张的表现分为 C0~C6 级。

C0：正常，无可见或可触及的静脉疾病体征。

C1：毛细血管扩张或网状静脉扩张。

C2：曲张静脉直径≥3毫米，常有小腿酸胀、易疲劳等不适感。

C3：水肿，以久站或劳累后明显。

C4：色素沉着或湿疹，皮肤脂肪硬化症（由于静脉内血液瘀滞，静脉压力明显增高，红细胞渗出破裂，造成铁元素在皮下沉积发黑，最终因失去弹性而变硬）。

C5：愈合的皮肤溃疡。

C6：迁延不愈的皮肤溃疡，形成"老烂腿"（曲张静脉周围的皮肤营养不足，造成皮肤的修复能力极差，稍有破损即容易继发感染，形成慢性溃疡）。其可能引起的较为严重并发症包括：曲张静脉破裂出血、静脉血栓形成，甚至静脉血栓脱落造成肺栓塞引起死亡。

诊断下肢静脉曲张为什么要做超声呢？应用彩色多普勒超声可以直观且无创地观察浅静脉的走行及扩张程度、瓣膜关闭情况及有无血液反流，测量反流时间，排除深静脉血栓以及判断是否有穿静脉扩张及瓣膜功能不全的问题。超声同样可以用来评估手术治疗之后的恢复情况。

下肢静脉曲张其实是可以预防和及时干预治疗的。从事相关职业的人群应尽可能减少久站久坐或重体力负荷，多活动双腿或预防性穿弹力袜。

造成下肢不适的病因可能有很多，例如：静脉血栓、浅静脉炎、下肢闭塞性动脉硬化、软组织感染等，当发现有异常表现时一定要及时就医，通过超声检查帮您发现病因，早确诊，早治疗。

（王博　王涌）

长期卧床不活动，小心下肢深静脉血栓找上门

生活中我们常常遇到有的患者长期卧床一段时间后，小腿突然又痛又肿，还有人抱怨说怎么我就坐了一趟长途飞机，落了地腿就肿得像萝卜一样。这时你就要格外小心了，很可能是你的下肢深静脉出现了血栓，如果处置不当还可能因为血栓脱落而导致肺栓塞，危及生命。

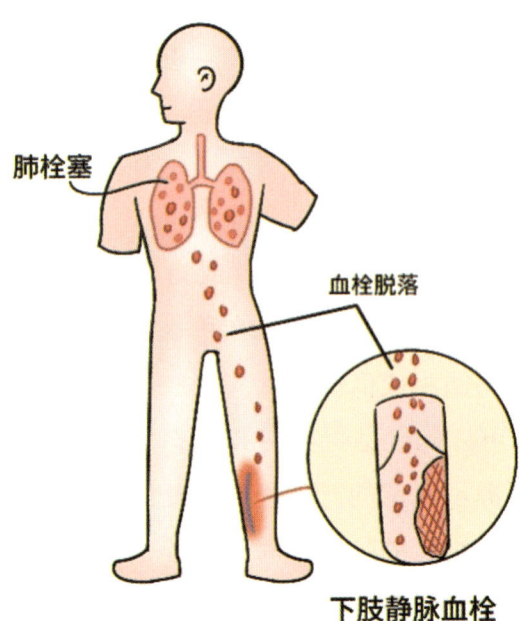

图 94 下肢静脉血栓

那究竟什么是血栓？我会不会也得血栓？得了血栓又该怎么办呢？今天我们就带大家揭开下肢深静脉血栓的面纱，远离血栓带来的危险。

下肢深静脉血栓（Deep Vein Thrombosis，DVT）是指下肢深部血管内形成了血凝块，血凝块就像一个大路障牌横在路当中，让后面的血流越走越慢，从而堵塞血管；有时不稳固的血凝块还会在外力冲击下脱落，游走到其他部位，这时会造成更严重的后果。

形成血栓的原因是什么？

目前认为形成血栓的"三大元凶"是：血流淤滞、静脉壁损伤以及血液高凝状态。

什么人容易得下肢深静脉血栓？

以下人群均是DVT的高发人群，如最常见的是术后、骨折、妊娠或产后的患者以及平日活动较少或长期卧床，抑或是长途飞行或乘车、无法活动的人群。此外遗传因素、不良的生活习惯（如吸烟、饮酒）、肥胖人群或肿瘤患者等都是DTV的高危因素。

超声能做些什么？

超声在国际上已替代静脉造影，成为DVT首选的影像学检查项目。患者一旦出现DVT，超声图像上可表现静脉管腔内径增宽，内部透声差，可见弱回声或低回声区，管腔不可压闭，内部无彩色多普勒填充。除了可以确诊是否存在DVT外，超声还能够明确血栓累及的范围，从而提示病情的严重程度，辅助医生做出进一步决策，另外超声还可以在之后的随访中对比血栓的变化情况。此外，超声还可以通过观察血栓回声的情况，判断血栓性质，是急性血栓还是慢性血栓。

我们该如何预防，确诊深静脉血栓后该怎么办？

对于术后或具有高危因素的患者，应注意及早下床活动，多饮水，抬高下肢，穿弹力袜等，减少血液淤滞，加速血液回流；长途乘坐飞机时，最好能定时在机舱里来回行走几分钟。另外对于确诊DVT的患者，要采取制动患肢、遵医嘱使用相应的抗凝药或放置下腔静脉滤器等方式积极治疗。

（苏岳霖　王涌）

血透"生命线"维护——超声来帮忙

"医生,我这个瘘能用了吗?"

"医生,我血透时候的流量比以前下来了,打不上去了。"

"医生,我最近血透的时候很痛。"

"医生,我的震颤摸不到了。"

血液透析是急慢性肾功能衰竭患者肾脏替代治疗方式之一,简单地说就是用机器来代替肾脏的功能,过滤血液,除去新陈代谢产生的废物及过多的水分。为了能够进行充分的透析,我们需要通过手术建立血管通路,即将静脉与动脉直接相连以促使静脉能够满足血液透析的要求,俗称"造瘘",因此,良好的血管通路是血液透析患者获得有效维持性治疗的"生命线"。

内瘘什么时候可以用?

自体动静脉内瘘成熟是指内瘘透析时易于穿刺,穿刺时渗血风险最小,在整个透析过程中均能提供充足的血流,能满足每周3次以上的血液透析治疗。

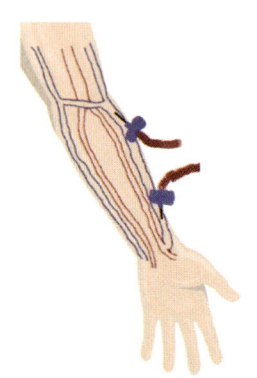

图95 自体动静脉内瘘示意图

建立血管通路后，超声可以通过评估内瘘动静脉的流量、静脉内径及深度来帮助评估自体动静脉内瘘成熟度，以便内瘘成熟不良时可以尽早进行功能锻炼或干预。对于自身血管条件不佳的患者也可以使用超声来帮助找可穿刺打针的位置。

内瘘需要定期复查吗？

血管通路长期使用后，可能会发生功能不良，不能满足透析的要求，因此需要进行定期评估。定期的血管通路监测及早期干预，可以减少并发症的发生并降低住院率。

内瘘术后常见的并发症包括管腔狭窄、血栓、静脉瘤样扩张和盗血综合征等。彩色多普勒超声能够及早发现并发症，并指导临床医师及时干预，以延长内瘘的使用寿命。

（1）管腔狭窄：管腔狭窄常常会导致内瘘失去功能，彩色多普勒超声是唯一可以直接发现血流量下降原因的检查方法。常见的狭窄包括静脉流出道内膜增生（图96a）、静脉管腔缩窄（图96b）、动脉斑块（图96c）等。当然，实际生活中狭窄的原因并不如示意图这么简单，往往是多种原因及多处狭窄并存。

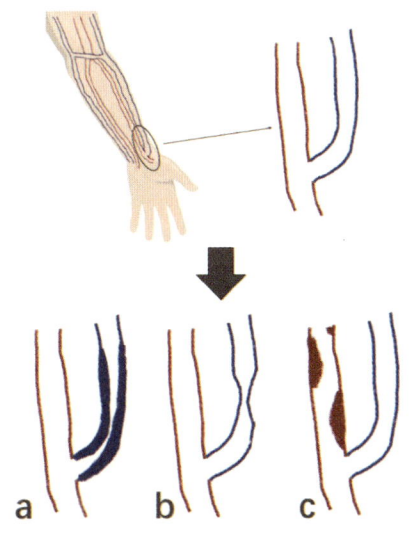

图96 常见的内瘘狭窄：a 静脉流出道内膜增生；b 静脉管腔缩窄；c 动脉斑块

（2）血栓：血栓是内瘘术后最易发生的并发症，很多患者会因为内瘘震颤（内瘘通畅的表现之一）突然消失去急诊，这时候超声是最简便快捷的检测方式。而内瘘血栓与狭窄常常并发，使用彩色多普勒超声可以了解血栓位置、大小以评估内瘘阻塞情况，及时治疗。定期超声监测内瘘血流量变化可减少血栓的发生。

（3）静脉瘤样扩张：常常在透析患者的手臂上可以见到一个个瘤样的突起，影响外观，因此很多血透患者即使在炎热的夏季也只能长期穿着长袖衣物。这是由于长期注射，或血流对静脉管壁的长期冲击，致使静脉管壁局部变薄、瘤样扩张。彩色多普勒超声可测量扩张处大小、观察静脉壁是否破损，便于医生及时干预。

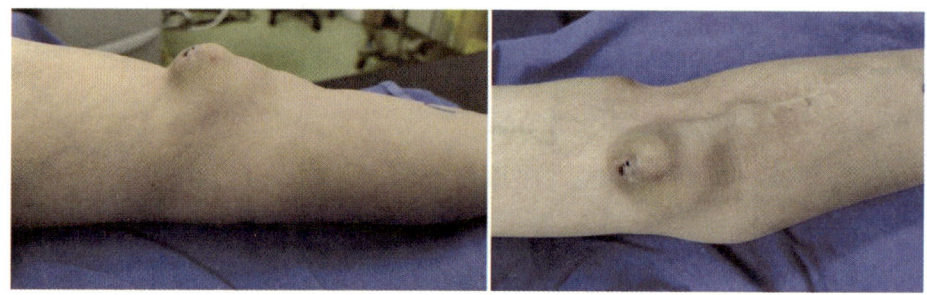

图97　患者肘部可见明显的瘤样突起，影响美观

（4）盗血综合征：常有患者发现内瘘远端的肢体发凉、苍白、麻木、疼痛等，严重者可出现肢端坏死，这是内瘘窃血的表现。原因是动静脉内瘘建立后，局部血流动力学发生变化，造成远端肢体供血减少，出现缺血性改变的一组临床综合征。彩色多普勒超声可直接观察血流方向进行确诊。

超声的使用可以贯穿在血管通路建立和维持的全过程中，可以说超声医师运用彩超仪器，维护着动静脉内瘘的通畅，守护着透析患者的"生命线"。

（陈莉　王涌）

知"足"常乐
——糖尿病患者要警惕糖尿病足

老百姓一定都听说过"糖尿病烂脚",其实它的学名叫糖尿病足,具体是指糖尿病患者足部出现感染、溃疡或深部组织破坏,是糖尿病的一种慢性严重并发症。

糖尿病足在糖尿病患者中发病率高达10%,溃疡一旦形成,治疗难度大且治疗费用高,严重不愈者甚至面临截肢的结局,所以糖尿病患者应该警惕糖尿病足的发生并积极预防。

糖尿病足会有哪些前期表现?

糖尿病患者一旦感觉到下肢麻木、刺痛,足部发凉,行走时腿痛,皮肤色素沉着等情况时应提高警惕。

当患肢麻木、感觉减退甚至缺失,可能意味着出现了糖尿病周围神经病变。而观察到一些下肢缺血的表现时,如皮肤干燥、皮温下降、色素沉着、足背脉搏微弱、下肢间歇性跛行甚至腿脚静息痛,或出现足部坏疽,往往提示可能伴发下肢动脉病变,此时应该首选下肢动脉超声检查进一步确诊。

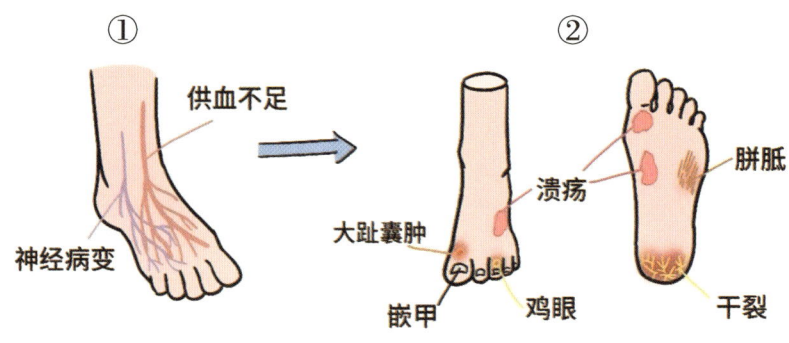

图 98　糖尿病足为何形成

病变的下肢动脉究竟发生了什么变化？

下肢动脉的主要作用就是为下肢输送新鲜血液，滋养腿和脚上的组织。下肢动脉病变通常指动脉硬化造成的血管内膜增生、动脉粥样斑块形成，严重者可发展为血管狭窄甚至管腔闭塞。

可以把病变的动脉类比为老化的水管，水管内生成的锈斑类似于动脉斑块，斑块越堆越多的时候则会造成水管狭窄甚至堵塞，进而无法输送动脉血液，造成腿和脚等远端组织失去营养供给。

下肢动脉超声能查出什么问题？

彩色多普勒超声是下肢动脉评估的首选筛查手段，可直接观察到下肢动脉的血管结构及内部血流发生的变化，了解输送动脉血管道的健康情况。例如可以放大观察动脉斑块的细节，判断其稳定性；评估斑块造成管腔狭窄的位置和程度；检测究竟哪段血管完全堵塞了，检出动脉内的血栓；而且还可以评估动脉病变患者手术或者微创治疗的效果。

所以，建议有糖尿病足风险的患者定期（每年 1 次）进行下肢血管超声检查，对动脉病变做到早发现早干预，为缺血的足部组织争取"存活"时间，积极预防糖尿病足。

（李一鸣　王涌）

No. 1656808

处方笺

介入超声
热点问题

医师：＿＿＿＿＿＿＿＿

临床名医的心血之作……

置管引流

一根导管解救"小黄人"
——超声引导胆管置管引流术

小王在外地工作,这次回家探亲时发现父亲的眼睛、皮肤有点发黄,追问才知道,老爷子最近还伴有全身皮肤瘙痒难忍,甚至要抓破皮肤才罢手,因为没有其他不适,以为只是皮肤病,没有加以重视。回到单位后,和好朋友小汤聊天时提起这件事,小汤连忙提醒道:"你们一定要重视,我姑妈曾经也有同样情况,当时也没有及时去看医生,结果2个月后越来越严重,都变成'小黄人'了,最后确诊为梗阻性黄疸。当时肝功能明显异常,后来做了超声引导胆管置管引流术,肝功能改善后才能进行手术治疗。"

"小黄人"是怎么一回事?

正常人体每天肝脏分泌胆汁800~1200毫升,其主要成分有胆汁酸、胆固醇、无机盐等。胆汁主要储存在胆囊,一部分经胆管直接流入到十二指肠内。当身体需要时,会从胆囊排到十二指肠,参与肠内食糜的消化。

通俗来说,胆道就像地下河道,胆囊像与河道相连的一个蓄水池,胆汁像河道内的流水,肝脏像河道周围土地,当其主干道或者主要分支出现堵塞时，其上游河道内水位逐渐升高、随着压力继续增高，河水外溢，河道周围就会泛滥成灾。

当肿瘤、结石、炎症等疾病造成胆道梗阻时，胆汁无法正常排到肠道里，淤积在胆道、肝脏内，造成大量胆红素堆积，使患者的眼睛、皮肤发黄，像个"小黄人"。

胆道梗阻有什么危害呢？

胆道梗阻后，正常分泌的胆汁不能顺利排泄到肠道，导致消化不良、胆汁淤积，肝脏功能异常，继而胆道不通会造成梗阻性黄疸，并进行性加重，出现机体各种功能下降、多器官功能衰竭等一系列改变，病死率极高。

超声引导胆管置管引流术能解决什么问题？

超声引导胆管置管引流术，简称 UG-PTCD。超声引导相当于医生有了透视眼，隔着肚皮就能观察到胆道堵塞位置、原因及严重程度。指引医师经皮肤、经肝精准穿刺胆管，将引流管放置到扩张胆管内，把胆汁引流出体外。

UG-PTCD 主要用于胆道梗阻和急性胆道炎症治疗：①可术前减压，缓解黄疸，降低手术风险；②为无法手术的胆道梗阻患者行姑息性引流，减轻症状，提高生活质量，延长生存期；③通过引流通道行胆道镜取石、化疗、放疗、细胞学检查等。这些是解救"小黄人"的有效方法。

小王了解后，马上把老爷子送到医院。经过系统检查，主治医生告诉小王："患者全身皮肤发黄是肿块压迫胆总管远端造成的，需要经腹壁放一根引流管，把胆汁引流出来。"老爷子做了 UG-PTCD 后，第三天皮肤就不痒了，眼睛、皮肤逐渐不黄了，2 周后，患者肝功能明显改善，择期进行了手术切除，现恢复良好。

温馨提醒

超声引导胆管置管引流为阻塞性黄疸患者再建生命通道,术后需要精心地护理,特别对于姑息性引流后居家患者,家庭护理至关重要!每天需细心观察引流管通畅与否,发现问题及时与医师沟通处理。

(方超 弭琦伟)

不吃药，不开刀，"一针不见血"治愈巨大肝囊肿

肝脏是人体中最重要的器官，它像一面镜子，反映着你的生活状态以及方式。所以很多人在体检时发现肝囊肿后都会特别紧张，本文就来介绍一下肝囊肿。

什么是肝囊肿？

肝囊肿是一种常见病、多发病，它就像长在肝脏里的一个水球，最常见的肝囊肿里面的液体都是澄清的，就像矿泉水一样，有时也会有血液或脓液等。

肝囊肿需要治疗吗？

绝大多数肝囊肿都不需要治疗。因为大多数的肝囊肿比较小，而且也没有任何症状，只需要做定期随访可以了。但是当囊肿较大，一般认为直径超过50毫米，并且引起腹胀、隐痛或钝痛时；有的人摸到腹部肿块，更甚者由于压迫胆管导致梗阻，出现黄疸等症状时，就需要积极地治疗了。

肝囊肿怎么治疗?

传统的开放式手术剥离囊肿的方法,由于损伤较大,已经逐渐淘汰。后来发展出来了腹腔镜肝囊肿去顶术,对人体的损伤有所减小,但是对于高龄患者或者有较多基础疾病的患者还是无法耐受。而超声引导下肝囊肿硬化治疗,具有超微创、疗效佳的特点,有效解决了这类人群的问题。

来自徐汇区的姚老先生就是一位肝巨大囊肿的患者(图99)。他已年近90岁,发现肝囊肿也已有20余年,最近随访时囊肿已达170毫米,肝脏明显受压变薄。姚老先生虽年事已高,但身体状况良好,本人及家属迫切希望治疗。经过与患者及家属沟通,对其进行了超声引导肝囊肿置管引流术,置管非常顺利,可见淡黄色囊液顺利流出。整个治疗过程中一共抽出淡黄色澄清液体1400毫升(图100),

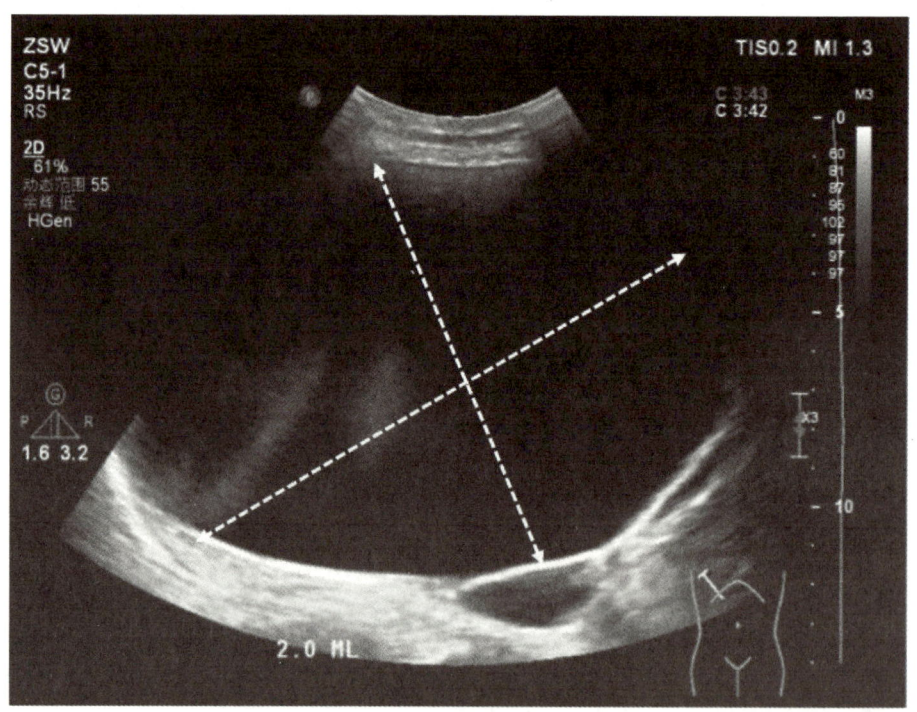

图99　超声显示肝右叶巨大囊肿

用400毫升生理盐水冲洗囊壁后全部抽出,最后用聚桂醇硬化剂对囊肿进行硬化,整个手术过程中患者生命体征平稳,没有任何不适,姚老先生全程都在和在场的医生们愉快地交流。

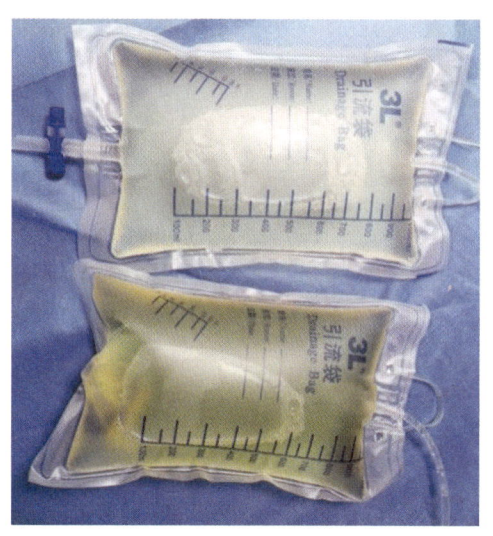

图100　抽出的澄清淡黄色囊液（图中引流袋内液体）

术后第2天及第4天复查,可见囊肿明显缩小,囊腔内可见纤维分隔形成,效果满意,于术后第4天拔除了引流导管。整个治疗过程中,姚老先生没有任何不适,囊肿硬化治疗后觉得自己的右上腹痛症状也有了明显改善。

随着介入超声治疗技术的迅速发展,经皮穿刺囊肿硬化治疗技术已经得到了广泛的临床应用,成为目前临床首选的微创治疗方法,真正地做到不吃药,不开刀,"一针不见血"治愈巨大肝囊肿。

（吴婷婷）

引流术后,我该如何与它朝夕相处?

超声置管引流是什么呢?就是指在超声仪器的引导下,将穿刺针或引流管精准地放入人体内含液体的病变器官或组织内,并进行各种诊断和治疗的一种技术。它的优点是:无需开刀,创伤小,患者耐受性好,术后恢复好,无放射性,整个过程实时监控,十分精准。最关键的优势在于,它的效果十分明确,经常会起到立竿见影的疗效。

哪些患者需要进行超声引导下置管引流呢?

一般来说,当正常组织内的积液量超过正常范围,并且达到一定程度时,均需进行置管引流,如胸腔置管引流、腹腔置管引流等。另外,部分患者术后术区积液较多时,也可进行置管引流,还有些患者因各种原因导致脏器阻塞,引起脏器积水或积脓时,如胆道梗阻、胆囊梗阻、输尿管梗阻、膀胱梗阻,也需进行置管引流,以达到诊断、治疗,以及缓解症状的效果。

置管引流是如何操作的?患者能耐受吗?

超声引导下置管引流属于一种微创的小手术,整个过程仅需要局部麻醉,患者痛苦少,一般均能耐受,而且并发症少,效果好,恢复快，术后体表仅有1个小针眼，也不会留下瘢痕。

那引流管放置后，应该如何护理呢？

（1）一般每日引流量控制在800~1500毫升之间，超过后，引流管上有开关，可以暂时夹闭开关，阻止引流。

（2）皮肤穿刺点处一般1~2天用酒精棉球消毒1次，以免伤口感染，消毒后用清洁纱布或敷料覆盖即可。

（3）每日注意引流管位置，不要用力拉扯，引流管处可以轻微按压，但注意不要让其弯曲打折。引流管的附件部位，如引流袋、橡皮管可以柔性弯曲。

（4）发现引流量减少或者未见引流液体流出后，可来医院进行检查，判定引流液是否已经引流干净还是其他原因，以决定下一步处理方案。

引流管何时能够拔除？

不同病因，不同部位的引流管拔除时间都不尽相同，一般来说，胸腔引流管或腹腔引流管、各种不同部位的脓肿、各种术后术区积液等的引流管，一般放置3~14天，待临床症状缓解后即可拔除；而胆囊引流管放置时间相对较长，需1个月左右；其他各种肾脏引流、胆道引流、膀胱引流，时间则相对更长，常大于1个月甚至更长，有时需长期放置。

图101 引流管

（插图：王怡婷）

（毛枫）

穿刺活检

什么是超声引导下甲状腺结节细针穿刺活检？

随着社会经济的发展，老百姓的生活质量越来越高，寿命也随之延长，同时肿瘤的发病率也越来越高。其中甲状腺癌，相对其他类型癌症预后较好。随着超声技术的发展，甚至以前不能发现的甲状腺微小癌，现在都可以通过超声发现，而后更是可以进行甲状腺结节细针穿刺活检（Fine Needle Aspiration，FNA）明确诊断，从而使这些甲状腺癌在很早期的阶段就可以得到治疗。大部分甲状腺癌的患者在术后也不需要进行化疗或者放疗，患者不但可以活得久，而且可以活得好。

超声引导FNA是评估甲状腺结节最精确、性价比最高的方法，是一种简单又非常安全的有创性检查，定位精准，诊断准确性高。FNA可早期诊断甲状腺恶性肿瘤，也可帮助患者避免不必要的手术。

FNA具体是怎样操作的呢？

在实时可视的超声引导下，医生可在穿刺操作中，清晰辨认甲状腺邻近的组织及器官，包括颈部大血管、神经、气管及食管等。因此，经验丰富且操作娴熟的医生可以轻松避开这些重要结构，将细针直达甲状腺结节并抽取少量细胞，造成损伤的概率极低。然后对这些细胞进行化验，从而得出最后的结果，医生再结合这些结果以及患者的其他情况，综合判断甲状腺结节的性质，从而制订下一步的治疗方案（图 102）。

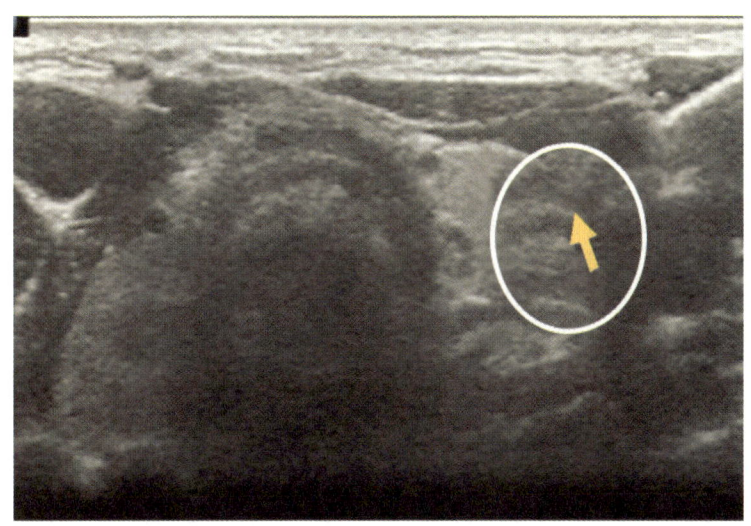

图 102　灰阶超声显示穿刺针进入甲状腺左侧叶结节内，圆圈所指为病灶区，箭头所指处为穿刺针

颈部对细针穿刺的痛觉并不敏感，疼痛程度低于手臂静脉输液穿刺，甚至可以无须进行穿刺前局部麻醉。那么穿刺时，患者只需要配合操作医生的要求，心态放轻松，保持平稳呼吸，不要讲话，控制咳嗽及吞咽口水等动作，协助医生完成穿刺，即可避免造成其他损伤。

与过去使用的粗针穿刺不同，现在使用的细针更加安全，风险显著降低。穿刺结束后仅留下小小的针眼，患者只需要自己用棉球对穿刺部位压迫 20~30 分钟，即可完全止血，恢复正常的活动，在医院观察 30~60 分钟就可以离开。由于细针穿刺创伤极小，常规皮肤消毒已经非常充分，几乎不会发生感染。

FNA 有哪些注意事项呢？

需要注意的是，凝血功能异常的患者需要在穿刺前咨询医生，是否能够进行这项检查，以及是否需要停止服用抗血小板药物（如阿司匹林、氯吡格雷）和抗凝药物（如华法林、利伐沙班）等。

FNA 是 100% 准确吗？

FNA 不一定 100% 准确。FNA 的结果会受到很多因素影响，首先，穿刺不一定能取得到足够的细胞，后续无法进行进一步的分析；其次，肿瘤内有多种成分，可能有良性的成分，有恶性的成分，如果本身是个恶性肿瘤，穿刺穿到良性区域，有可能得出假阴性的结果；第三，可能有些细胞的形态改变和异型性改变不明显，只能做出不典型的诊断；还有，一些特殊的类型，如滤泡性肿瘤目前的细胞学检查是无法判断良恶性的。

所以如果我们高度怀疑这个甲状腺结节是恶性的话，一次穿刺是良性的，还是需要继续随访，甚至必要时再次穿刺；如果连续穿刺结果都是良性的，才可以基本排除恶性可能。另外，现在有一些基因检测的方法，和 FNA 联合应用的话，能达到 90% 以上的准确性。现在我们知道了，甲状腺 FNA 不是 100% 准确，但是它是目前为止最接近 100% 的诊断方法。

FNA 穿刺后会造成肿瘤扩散转移吗？

在穿刺活检过程中，有可能会在穿刺针经过的针道上沾有少量的癌细胞，它会造成癌细胞在针道上发生种植转移吗？

这种情况极为罕见。尤其将粗针改为细针穿刺后，细针直径很小，创伤轻微，对结节破坏性很小。而且由于甲状腺癌以乳头状癌为主要类型，恶性程度很低，很难发生针道转移。目前没有因为细针穿刺造成肿瘤播散的报道，因此无需担心这种情况的发生。

如果甲状腺结节的细胞病理结果是恶性，那么尽快安排手术切除，更是将这一风险降至可以忽略不计。

总之，超声引导下甲状腺结节细针穿刺活检是一项操作简单、诊断准确性高且非常安全的医学检查。如果怀疑自己的甲状腺结节是"不好的东西"，放心地进行一次穿刺活检吧。

（苗爱雨　张迅）

为什么有时候医生会要求对乳腺肿块做活检？

很多女性平时发现乳腺肿块来医院就诊，在完成了一系列的检查，比如超声、钼靶，甚至磁共振之后，其中的一部分人会被医生要求再做一个乳腺活检。这时候，患者们心里很容易产生一些困惑，这里给大家解答一下关于乳腺活检的常见疑问。

"什么是乳腺活检？"

乳腺活检，顾名思义是指针对乳腺某个部位（通常是可疑肿块），通过微创的方法获取活体病变组织的一部分，经过显微镜下观察可以得到病变良恶性的病理诊断结果。这里所说的微创方法，包括细针穿刺抽吸、空心针穿刺取样、手术切除局部病灶等，由于乳腺肿块的纤维化程度通常较高，因此乳腺活检一般是采用空心针穿刺取样的方式来完成。

"为什么要做乳腺活检？"

影像检查往往只能判断病灶的恶性风险概率，无法给出准确的定性诊断结果。这种时候，为了进一步明确乳腺病灶的性质，临床医生就需要我们的患者接受乳腺活检，根据活检后的组织病理结果来决定下一步的治疗方案。

"既然怀疑是恶性肿瘤，为什么不直接做手术，还要做乳腺活检干什么？"

很多患者觉得既然自己的病灶被怀疑是恶性，为什么在术前依然建议进行乳腺活检，这不是多此一举吗？其实，乳腺活检提供的结果并不只是病灶的良恶性这么简单。活检获取的组织，可以提供肿瘤的组织分型和分子信息，为临床多种治疗手段的应用提供参考意见。

比如，如果一个患者乳腺肿瘤有40毫米，直接手术可能就是全乳切除，但是活检发现肿瘤分子分型具有比较好的靶向治疗潜力，通过靶向治疗之后可以实现肿瘤的完全退缩，这时候原先的全乳切除手术就能变成保留乳房的局部切除手术，这对于患者未来的生存期可能影响不大，但是对于患者的生活质量和心理来说却有着天壤之别。所以在规范化的乳腺诊疗指南或者专家共识当中，乳腺活检都是术前必不可少的一个环节。

如果是恶性肿瘤，做乳腺活检时会不会引起肿瘤转移？

乳腺活检过程中，会有一定的概率使肿瘤细胞沿着穿刺活检针的针道发生转移，这个比例经过大量临床研究发现在0.7%左右。

针对转移的问题其实国内外都有过较长时间的争论和研究，从20世纪80年代一直持续到21世纪初，然后大家就不再争论了。因为我们发现，即使有肿瘤细胞沿着针道转移，目前看来也兴不起太大的风浪。首先，恶性肿瘤从活检到开始治疗，无论是手术还是新辅助治疗的间隔一般不会超过2周，这段时间内的肿瘤细胞难以快速生长到对人体构成威胁的程度；其次，随着近20年乳腺癌治疗领域新技术的突飞猛进，即使产生了威胁，后续的强化治疗手段也能够直接将它们歼灭。

回答了上面几个问题，不知道大家对于乳腺活检有没有新的认识？

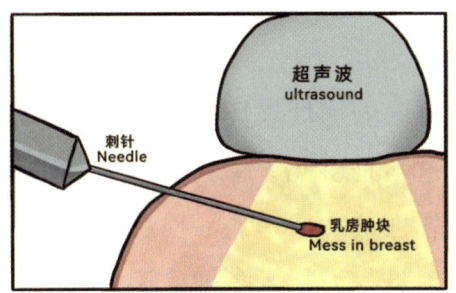

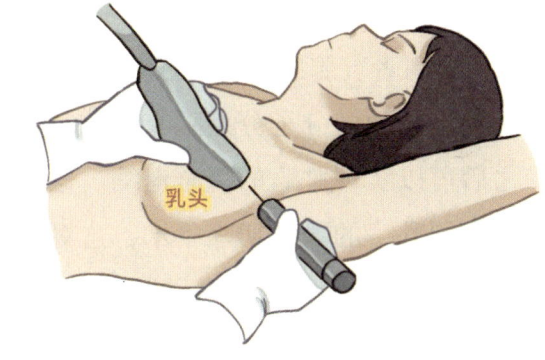

图 103　乳腺活检

（插图：王怡婷）

（周世崇）

介入治疗

神奇的甲状腺结节消融术

随着高分辨率超声仪器在体检中的普及,甲状腺结节的检出率达到了 65%,越来越多的人怀着忐忑的心情来到医院求诊。其实超过 95% 的甲状腺结节均为良性,无需担忧,而且绝大部分甲状腺良性结节也无需处理,使用常规超声进行随访即可。尽管如此,部分甲状腺结节也是需要干预的,目前最常见的治疗方式是手术切除,但是手术创伤较大,并且会在颈部留下永久性的瘢痕,使爱美的人失去了自信,因此选择超声引导甲状腺结节热消融手术治疗的患者越来越多。

甲状腺结节热消融是什么?

超声引导甲状腺结节热消融是通过消融针所产生的热量使结节发生凝固性坏死,坏死组织经过一段时间之后会逐渐被机体所吸收,最终达到甲状腺结节体积明显变小甚至消失的治疗效果。热消融治疗包括高强度聚焦超声、射频消融、激光消融和微波消融等。在对甲状腺结节进行热消融治疗前,需要先在超声引导下进行细针或者粗针穿刺活检明确其病理类型。至于最后采用何种消融方式,需要综合考虑自身实际情况与甲状腺结节体积等因素来制订合理的治疗方案。

哪些情况可以使用热消融术?

(1)甲状腺良性结节,引起下述症状之一:①甲状腺自主功能性结节导致甲状腺功能亢进症状;②存在于结节相关的自觉症状,如颈部不适或疼痛、压迫(吞咽困难、呼吸混口)、异物感等;③结节过大影响外在美观。

(2)甲状腺微小乳头状癌(直径≤10毫米)。

(3)甲状腺癌术后复发或颈部淋巴结转移。

目前手术治疗仍是原发性甲状腺癌的首选治疗方法,热消融一般不作为甲状腺癌治疗的首选手段。对于符合适应证的甲状腺微小乳头状癌患者,尤其是不能耐受手术或拒绝手术者,热消融治疗是一种可选择的治疗方案,但是需要符合以下要求:①单个癌病灶,短期内无明显增大;②病变局限于甲状腺的早期肿瘤(临床分期为T1aN0M0),既无甲状腺包膜及周围组织侵犯,也无颈部或远处转移;③细胞病理学证实为非侵袭性亚型的甲状腺乳头状癌。

图104 甲状腺结节消融治疗

(插图:王怡婷)

(谢娟)

反复骨折和肾结石,没想到元凶在脖子,一针微创解决它

退休后的袁大妈最近总是觉得容易疲劳乏力,胃口不好,还便秘,全身关节疼。因为不小心摔了一跤,骨折住院了。亲朋好友以为袁大妈年纪大,可能是骨质疏松,送了很多进口钙片,却让袁大妈犯了愁。因为住院检查发现袁大妈血钙偏高,多发肾结石,这钙片还能不能吃?袁大妈也很纳闷,自己平时容易口渴,喝水挺多,咋还得肾结石了?巧的是,袁大妈的隔壁床位病友季阿姨,是一位因为尿毒症需要长期"洗肾"(血液透析)的患者,也是因为骨折住院。两位病友聊家常时,发现两人症状很像,都说这关节骨头疼最难受。医生看了二人的检查报告,判断她们是甲状旁腺功能亢进(简称甲旁亢)。这元凶,就在脖子上——甲状旁腺。

甲状腺可能是大家比较熟悉的器官,可什么是甲状旁腺?甲状旁腺是4个类似"绿豆"大小的腺体,通常位于颈部甲状腺背面,气管的两侧,控制着人体钙、磷等矿物质代谢的平衡。甲状旁腺通过分泌甲状旁腺素来调节我们血液中钙、磷水平,但同时甲状旁腺素的分泌也受血钙、磷浓度的调节。由于甲状旁腺自身病变(甲状旁腺增生、甲状旁腺腺瘤、甲状旁腺癌)导致的甲旁亢,称之为原

发性甲状旁腺功能亢进症（简称原发性甲旁亢）。

原发性甲旁亢因为分泌过多甲状旁腺素，可以出现高钙血症、肾结石、骨折、骨质疏松症、神经精神症状、反复腹痛等，严重者甚至发生高钙危象，导致出现心律失常。

而当人体长期处于血钙过低、血磷过高，或钙和维生素 D 吸收障碍等失衡状态时，也会引起甲状旁腺逐渐增生，最终发展成继发性甲状旁腺功能亢进症（简称继发性甲旁亢）。继发性甲旁亢最常见于透析中的尿毒症患者。继发性甲旁亢的临床表现与原发性相似，但症状更明显且严重，可以出现进行性骨痛、骨折、身高缩短、心血管及软组织钙化，不断加重的皮肤瘙痒等。

甲旁亢给患者身心带来巨大负担，药物治疗往往效果不佳，大部分患者需要手术切除病变的甲状旁腺腺体。

因骨折住院的袁大妈和季阿姨，听说要开刀，害怕刀疤影响脖子美观，还听说手术可能会引起声音嘶哑，非常犹豫不决。现在有一种微创治疗方法，不留疤，效果好，对声音影响小，那就是超声引导下热消融治疗。在超声引导下，在颈部经过皮肤将直径约 1 毫米的消融针精准插入功能亢进的甲状旁腺病变内，通过热能使病变组织坏死，然后慢慢被机体吸收，达到局部治疗目的。整个微创手术过程，只需要局部麻醉，术后不影响进食和饮水，术后 3 天内仅有轻微疼痛和肿胀不适感。

甲旁亢热消融动画演示（视频）

终于查明了骨折和肾结石的病因，还能进行微创治疗，一针见效，对于袁大妈和季阿姨这样的甲旁亢患者来说，可以免除开刀痛苦，真是福音。

（范培丽）

介入超声热点问题

肝脏恶性肿瘤,除了手术切除,还可以用一根细针灭活肿瘤

肝癌是我国常见的恶性肿瘤之一,严重威胁着人民的生命健康,其中最常见的是原发性肝癌。乙肝、丙肝病毒携带者,酒精性肝硬化都是高危人群。一旦确诊肝癌,给患者及家庭带来沉重的心理和经济负担。但是,随着医学的发展,肝癌治疗的手段越来越多,疗效也越来越好。肝癌的治疗除了常用的手术切除、动脉栓塞治疗等,局部消融治疗因其创伤小、疗效佳、恢复快等优点,越来越受到临床的重视,是国际公认的除外科手术切除外,最佳的肝癌治疗方法之一。

消融治疗有哪些?什么样的患者适合消融治疗?

消融治疗主要可以分热消融和化学消融,目前临床最常用的热消融方法有射频、微波以及激光消融治疗。热消融通过消融针对局部组织加热致使肿瘤细胞脱水坏死,可以不开刀,也能达到根治的目的。肝癌的消融治疗可以经皮、腹腔镜、开腹下进行,全程由超声引导,能够精准地将消融针插入肿瘤内部进行治疗,具有微创、范围可控、安全性高、并发症少、术后恢复快等优点,一般术后 1 天

即可下床活动。

当然，不是所有的肝癌患者都适合消融治疗。对于≤30毫米、位置合适的肿瘤，消融治疗完全可达到与手术根治媲美的效果；还有那些拒绝手术、术后复发或手术不能耐受的患者，肿瘤直径<50毫米时也可选择局部消融治疗。如果患者的肝癌病灶是弥漫性，或者患者存在肝功能衰竭、严重的凝血障碍、大量腹水等现象是禁忌消融的。

目前临床最常用的热消融是射频和微波，射频消融具有消融范围更精准的特点，对于病灶位于血管、胆囊旁等部位的病灶，安全性更高；微波具有消融范围更大、消融时间短及消融更彻底等特点，两种方法各有所长。总之，两种热消融方法对肝癌的疗效无显著的差异，可以根据实际情况，灵活应用，选择合适的消融方法。

其他消融方法还有高强度聚焦超声、冷冻消融、不可逆电穿孔等方法，也可以根据病情和实际需要选择。

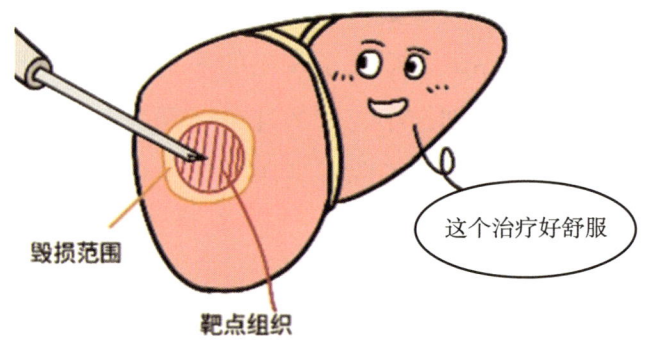

图105 射频消融治疗

（季正标 徐辉雄）

脓肿及时治，介入超声帮助您

近日超声科接诊了一位 50 岁男性患者，反复高热 1 个月，入院后查磁共振发现肝脏有个 10 厘米 ×8 厘米的肝脏肿块，肝胆外科考虑肝脏肿瘤，找到超声科会诊，后经超声造影检查，明确诊断为肝脓肿。患者在超声引导下行脓肿引流及抗感染治疗，3 个星期后顺利康复。

肝脓肿是一种发生在肝脏里面的感染，简单地说就是肝脏化脓了。肝脓肿初期，患者可能没有明确的症状，往往经过一段时间后，感染进展并液化形成脓肿，临床上患者会陆续出现发热、右上腹疼痛、倦怠、黄疸、食欲不振等炎症反应症状。

哪些人容易患肝脓肿?

肝脓肿并不算少见，有文献报道，肝脓肿发生率约每 10 万人有 15 例，男性病患稍微多一些，且年龄在 50 岁以上人群多发。

肝脓肿主要有以下 4 类高风险族群。

（1）致病菌从胆道来。有胆管炎、胆道狭窄、胆管有肿瘤造成阻塞，或是胆道曾接受过支架置放等医疗处置的人。

（2）致病菌从血液来。全身性感染时，细菌可经由肝动脉进入肝脏造成肝脓肿；下消化道感染或慢性炎性疾病者，包括阑尾切除或阑尾发炎者、肠道有憩室炎、肠道有肿瘤以及发炎性肠炎患者，致病菌可从门静脉经血流进入肝脏。

（3）肝脏邻近脏器的感染（如胆囊炎），细菌可直接扩展至肝脏，导致肝脓肿。

（4）有慢性疾病者，如糖尿病患者容易继发肝脓肿，与克雷伯氏菌这个特定菌种有关；脂肪肝及肝硬化患者产生肝脓肿的风险也较高。

导致肝脓肿的菌种不只有克雷伯氏菌，还包括大肠埃希氏菌、链球菌、葡萄球菌、绿脓杆菌、霉菌等常见菌种。另一类是阿米巴原虫感染侵袭肠道引起，不过随着环境卫生的不断改善，这类感染已经越来越少了。

验血和超声检查可以诊断肝脓肿吗？

大部分肝脓肿临床诊断并不困难，腹部超声检查发挥着重要作用。超声检查可发现大部分脓肿病灶，也可将胆管炎、胆结石、胆

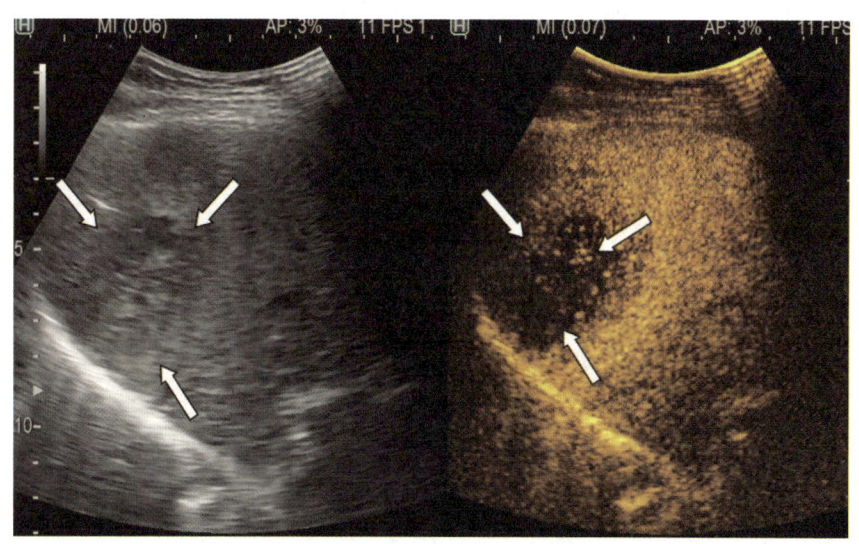

图106　灰阶超声（图像左侧箭头处）及超声造影（图像右侧箭头处）显示肝脓肿图像

囊炎等其他炎症性疾病与肝脓肿区分出来。肝脏超声造影可鉴别不典型的肝脓肿与肝肿瘤，也能判断脓肿大小或内部是否液化，为临床选择治疗方式提供依据。

当然，通常肝脓肿时会出现发热，以及肝功能（AST、ALT、ALP）、白细胞计数、血红蛋白比值等数值的异常，这些均有助于肝脓肿的确诊。

肝脓肿如何治疗呢?

当超声检查显示肝脓肿内部液化时，超声引导抽脓和置管引流是简便而微创的治疗手段。随着医疗技术的进步，超声引导的肝脓肿置管术充分发挥了可视化、精细化的优势，在超声的引导下可将引流管放在合适的目标位置。而对于患者来说又具有创伤小、可在床边操作、费用相对较低的特点，尤其对于高龄及有基础疾病不适合全麻的患者，只需要局麻就可以达到满意的治疗效果。同时，引流出的脓液细菌培养结果有助于调整使用的抗生素，大多数患者通过这种方式即可治愈。

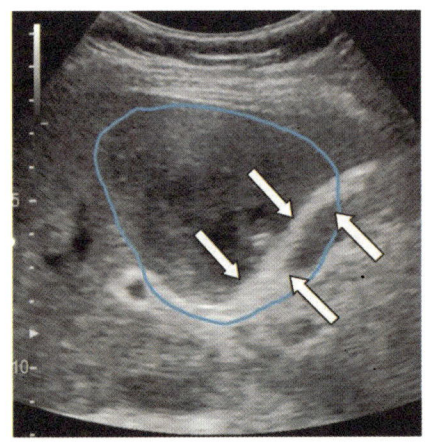

图 107 脓肿（圈中）置入引流管（箭头所指处）

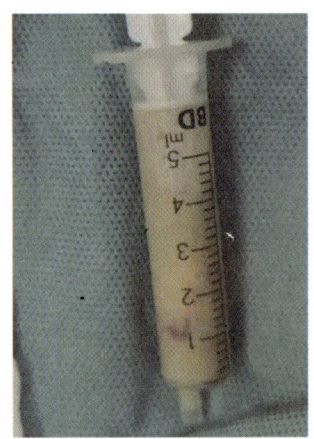

图 108 肝脓肿置管后引流出的脓液

早年，肝脓肿的死亡率高达五成，随着医学的进步，现在肝脓肿已不难被诊断和治疗，文献统计，目前肝脓肿的死亡率已经下降至8.2%，这既是因为抗生素的升级，也是得益于超声介入等影像学手段的进步。

肝脓肿的误诊或未及时治疗也会产生严重并发症，其中最致命的情况是细菌入血导致全身性菌血症甚至败血症。另外，脓肿太大，会破裂造成腹膜炎，若是克雷伯氏菌，还可能引发眼内炎，严重者甚至会失明。

总之，肝脓肿是肝脏的炎症，及时就医、治疗得当的话，一般并不需要担心。

（陈坤　丁红）

神经卡压，超声微创来解忧

手麻无力，夜间常常疼醒，手指不灵活，对指困难，去做针灸、理疗反而情况越来越严重，直到就医检查才被告知这可能是正中神经卡压，也就是腕管综合征在作祟。

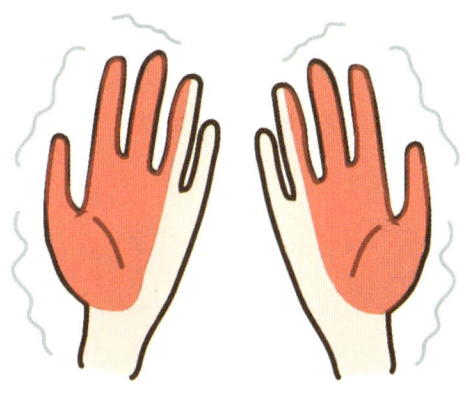

图 109　手麻无力

什么是神经卡压？

周围神经走行在管鞘之中，在身体某些部位不可避免地要穿过一些狭窄"隧道"，跨越一些凹凸不平之处。正常情况下，这些部位神经的活动空间受到一定限制，但是神经的传入及传出等传导功能（如感觉、运动等）不受影响。

在一些病理情况下，如各种原因导致的"隧道"狭窄，腱膜及筋膜肥厚、粘连时，均会导致经过该处的神经受到挤压，从而引起疼痛、感觉障碍、运动障碍及电生理学改变。常见的有腕管综合征、肘管综合征、腕部尺管综合征、旋前圆肌综合征、梨状肌综合征、腓总神经压迫症、踝管综合征等。

图110 正常神经传导

图111 神经卡压

神经卡压有哪些症状？

腕管综合征：女性多发，桡侧三个半指麻木或疼痛，无力，以中指为甚。

肘管综合征：小指及无名指的一半麻木或疼痛，弯曲肘关节时症状加重。

腕部尺管综合征：小指及无名指的一半麻木或疼痛，手部肌肉萎缩，精细动作受影响。

旋前圆肌综合征：肘前区疼痛，可向桡侧三指放射，桡侧三指可有麻木、烧灼感及客观感觉障碍，对掌无力。

梨状肌综合征：以臀部疼痛为主，可向下肢的后侧和外侧放射，行走后症状加剧。

腓总神经压迫症：脚与小腿外侧疼痛、麻木、运动障碍，伸踝及伸趾无力、感觉障碍。

踝管综合征：早期表现为足底、足跟部间歇性疼痛、紧缩、肿胀或麻木；晚期疼痛加重，感觉减退或消失，出现足趾皮肤发亮，汗毛脱落、少汗。

怎样诊断是否有神经卡压？

典型症状 + 体格检查 + 电生理检查 + 超声检查。

超声不仅可以诊断是否存在神经卡压，还可以明确神经卡压的病因，比如是否存在炎症、肿块或者先天性变异等，以确定最合适的治疗方法。

超声微创可以做什么？

超声微创：与传统外科手术不同，在超声影像的帮助下，医生能够在不开刀的前提下清楚地观测病灶及其周围情况，医生可以直接经皮穿刺，完成神经卡压部位的松解及药物注射。

优势：由于全程可视，手术只需要很短时间，同时也能最大程度地保护好患者的神经功能，大大降低各种并发症的发生率，减轻患者的痛苦。

图 112　手术治疗

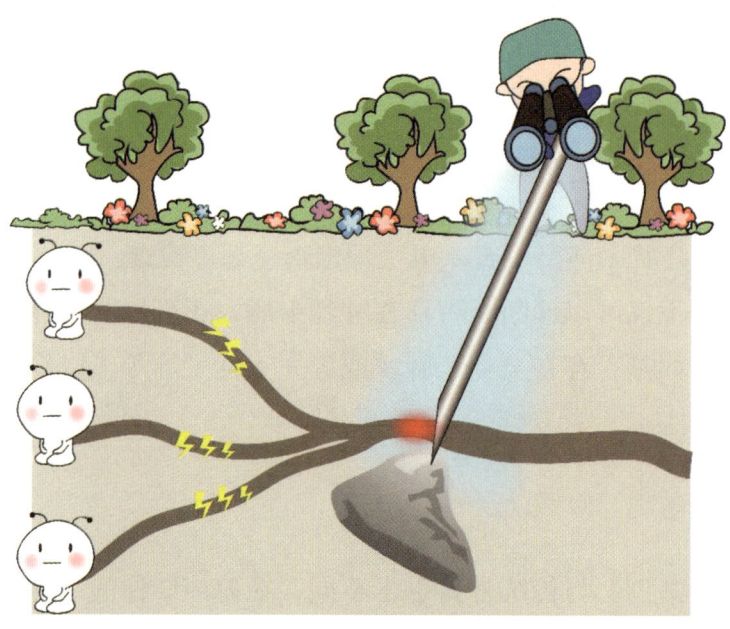

图 113　超声微创治疗

适应证：保守治疗（如限制活动和夹板固定）难以治愈的神经卡压，对急性及亚急性的病例及电生理技术确诊为轻度到中度神经病变的病例尤其有效。

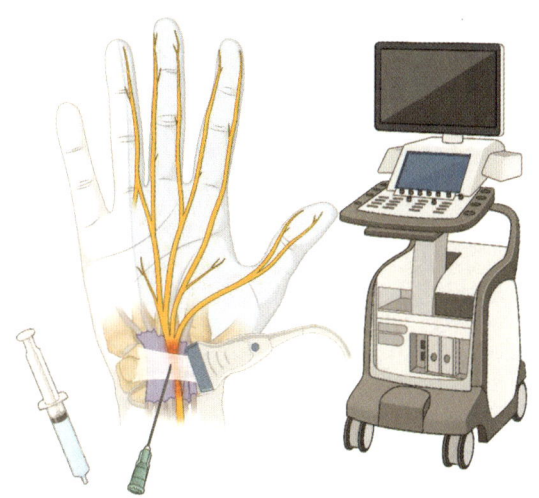

图114　超声微创治疗示意图

温馨提示

如果您怀疑有神经卡压的症状，请到正规医院进行系统评估，轻微的神经卡压可以通过保守治疗好转；保守治疗无效的情况，经过评估后进行超声微创治疗是您的不二之选。

（陆蓓蕾　徐辉雄）

双管齐下，针到病除：
一种治疗子宫腺肌病的新技术来啦

患者：医生，我最近每次月经期痛经越来越厉害，吃止痛药根本不管用，而且量也越来越多，走个楼梯都气喘吁吁。

医生：像你这样的患者，十有八九是得了子宫腺肌病，需要去医院做一些检查来明确诊断。

什么是子宫腺肌病？

子宫腺肌病是子宫内膜腺体和间质异位到子宫肌层内，在激素的影响下发生周期性出血，肌纤维结缔组织增生形成的弥漫性或局灶性病变。子宫腺肌病多见于30~50岁的经产妇，但随着人工流产和剖宫产的病例数增多，此病的发病率逐年增高，并趋向年轻化。

通俗地讲子宫腺肌病就是由于子宫内膜跑到肌层内引起的一系列症状。那好好的子宫内膜怎么会跑到肌层内呢？

正常情况下，子宫内膜在最里面，肌层位于中间，浆膜在最外面，各司其职，每个月的月经来潮就是由于最里层的内膜在雌激素的刺激下周期性脱落引起的出血，内膜得以不断更新，当剖宫产、人工流产及刮宫等手术导致内膜和肌层的损伤时，内膜会像小草一

介入超声热点问题

样，具有顽强的生命力，掉在哪里，就在那里生根发芽，跑至肌层内的内膜，没有办法像月经一样排出体外，只好藏在肌层间隙中。慢慢地，子宫会变得越来越大。

子宫腺肌病的主要临床表现有哪些呢？

子宫腺肌病经常被称为"不死的癌症"，给患者带来的痛苦不亚于癌症，严重者可影响正常的生活，令人痛不欲生。临床主要表现为：经期延长及月经量增多；进行性加重的痛经；部分患者可出现尿急、尿频、便秘；部分患者可出现贫血、流产、早产及不孕。

子宫腺肌病的治疗方法有哪些呢？

子宫腺肌病的治疗方法包括：药物治疗；放置曼月乐节育环；传统的手术切除治疗；保守性手术。如症状较轻，以及有生育要求者首选随访观察或药物治疗，常用的药物有消炎镇痛及激素类，但有些药物会抑制卵巢功能，导致提早绝经，卵巢早衰；对于那些症状越来越重，月经量多导致贫血，且不愿手术或药物控制不佳的患者，根据病变位置和范围可以选择超声引导下的局部微波消融治疗。

什么是子宫腺肌病微波消融治疗？

微波消融治疗，是通过一根针在超声的引导下直接插入子宫病变部位，通过加热灭活病变部位的组织，使组织蛋白质变性凝固、坏死以达到治疗目的。

何为"双管齐下"，且其优势有哪些？

与常规超声引导下经皮消融子宫腺肌病不同，"双管齐下"是腹腔镜联合经阴道超声引导下子宫腺肌病微波消融的新方法。其优势有以下几方面。

（1）腹腔镜直视+阴道超声监视下操作，安全性高，并发症少，腹腔内创面小、住院时间短、恢复快；

（2）无需手术切除子宫，不影响卵巢功能；

（3）术后痛经明显减轻或消失，真正可以做到"针到病除"；

（4）保护免疫功能，调整内分泌；

（5）微创消融治疗可反复进行；

（6）改善受孕环境，提高妊娠成功率；

（7）与经腹介入消融术相比，如果患者同时合并盆腔深部内膜异位灶或卵巢内膜异位囊肿，"双管齐下"可同时彻底解决患者病痛，减少手术次数。

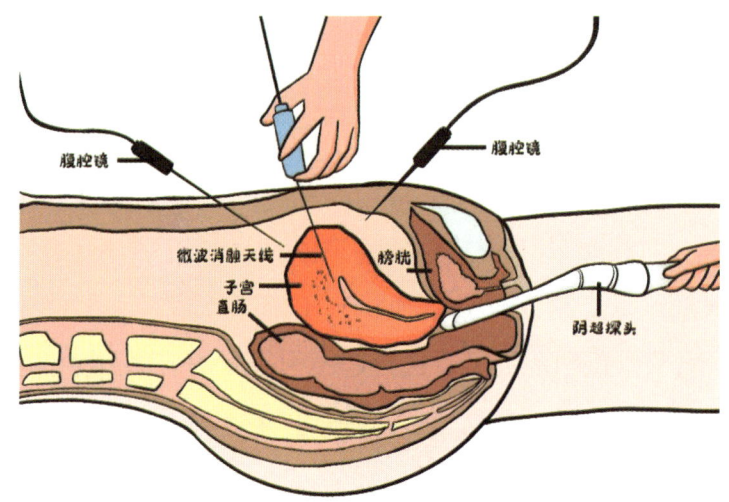

图115　子宫腺肌病的手术治疗

总结

近年来，微波消融是被用于治疗症状性子宫腺肌病的一种安全、有效的微创治疗方法。由于它术后没有明显瘢痕，越来越被爱美的患者所接受，可谓女性之福音。

（王攀　季正标）

得了巧克力囊肿不用急，介入超声为你排忧解难

最近，张女士每次来月经时，都感到下腹部隐隐作痛，有时疼得比较厉害，于是张女士到医院去看病，经医生一查，诊断为巧克力囊肿，医生建议张女士立即手术治疗，这下张女士非常着急，什么是巧克力囊肿，需要治疗吗？况且张女士不想手术治疗，担心术后会留下瘢痕。那么还有没有其他的治疗方案呢？于是，医生推荐张女士去做介入超声引导下囊肿抽吸硬化治疗。什么是超声引导下巧克力囊肿硬化治疗呢？

什么是巧克力囊肿？

临床上有一种病叫子宫内膜异位症，具体是指子宫腔的内膜生长到了子宫腔内膜以外的部位，伴随着生理性月经周期出血、积血而形成的疾病。在生育年龄女性中，子宫内膜异位症发病率约10%，子宫内膜异位症可累及全身各个脏器，尤以累及卵巢最常见，约占子宫内膜异位症的40%，因囊内陈旧性积血多呈巧克力样颜色改变，因此临床上常称为巧克力囊肿。

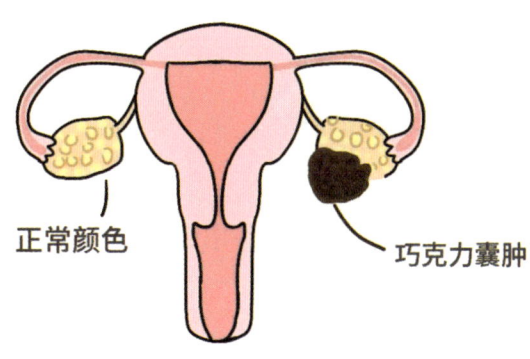

图 116 巧克力囊肿

哪些巧克力囊肿需要进行治疗呢？

并不是所有的巧克力囊肿都需要治疗，需要根据肿块的大小、患者的症状、病情严重程度以及患者的要求及意愿来综合考虑。一般来说，当巧克力囊肿大于 40 毫米，卵巢功能出现紊乱，出现痛经、不孕以及有囊肿破裂的迹象时，可考虑治疗。虽然手术治疗是常用的治疗方法，但手术创伤比较大，也会导致患者思想负担重，所以近年来，治疗的理念逐渐转变为"以最小的损伤和代价获得痛经缓解、囊肿消除、生育成功和生活质量改善"，于是，超声引导下巧克力囊肿抽液硬化治疗应运而生，该技术不仅操作相对简单，花费时间少，痛苦小，而且治疗效果也非常明显。

哪些巧克力囊肿适合做超声引导下囊肿抽吸硬化治疗呢？

一般来说，单发的囊肿，直径超过 40 毫米时，有症状且不愿意进行手术治疗的患者，最适合此项技术；多发的囊肿且内部出现较多分隔，患者对手术治疗有一定顾虑时，也可采用此项技术，可以减小囊肿及减轻症状。

超声引导下巧克力囊肿抽吸硬化治疗是如何操作的呢？

超声引导下囊肿抽吸硬化治疗，就是在超声的实时监控引导下，将一根细针精准地穿刺进入囊肿内，将囊肿内的囊液抽吸干净，注入生理盐水将囊液反复冲洗干净抽出，再注入无水乙醇或聚桂醇溶液，将液体反复抽吸或直接放置3~5分钟后，再全部抽出，然后将穿刺针拔除，即可完成穿刺治疗。整个过程约30分钟，治疗过程基本无痛苦。

值得注意的是，巧克力的囊肿治疗是一个综合性的概念，为了巩固治疗效果和减少复发，有时还需要在硬化治疗后结合一些药物治疗，具体可咨询专科医师，遵循医嘱。

(毛枫)

No. 1656808

处方笺

妇产科超声
热点问题

医师：_____

临床名医的心血之作……

超声助孕

学会测排卵，助力行好"孕"

"排卵的日子，是两次月经期中的一天吗？"刚结婚不久的李女士向闺蜜王女士询问生娃经验，正在备孕三胎的王女士连忙回答："不是的，要检查才知道哪天排卵，我月经周期长长短短的，老大和老二都是折腾了好久才怀上的。你跟我一起去监测卵泡吧，我们俩争取一起进产房。"李女士略显惊讶地问："我今年 35 岁，结婚是晚了点，可我的月经很正常啊，排卵应该没有问题吧？为什么要测排卵呢？"李女士满脸疑惑。听着诊室外闺蜜俩的悄悄话，诊室里的张医生会心一笑。亲爱的女性朋友们，一起来聊一聊关于受孕前的话题吧？

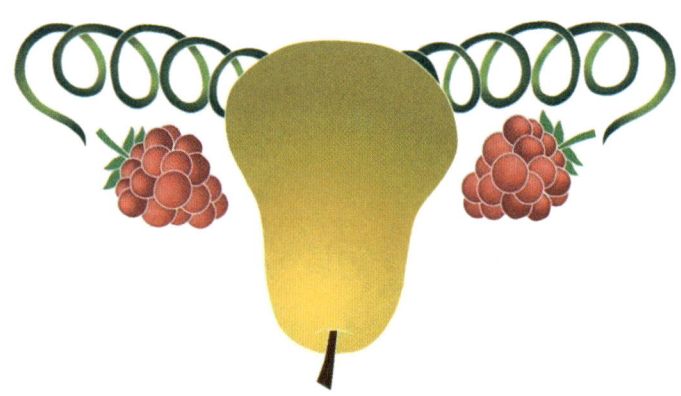

图 117 生命的起源地——卵巢和子宫

妇产科超声热点问题

生命的起源地就像个水果篮，有倒梨形的子宫，树莓样的卵巢，双侧输卵管就像弯弯曲曲的葡萄藤。妊娠恰似这产出的过程，好土壤配好种子才能开花结果。要想结出硕果，自然离不开种子的甄选。说到"种子"，不得不提到"卵泡"。

为什么要监测卵泡的发育？

近年来，随着女性生育年龄的推迟，卵泡发育问题、排卵障碍成为导致女性不孕症的主要原因之一，占不育症的 25%~30%。育龄妇女的卵巢储备功能越来越受到大家的关注。

卵巢储备功能是指卵巢皮质区卵泡生长、发育、形成可受精的卵母细胞的能力。良好的卵巢储备功能是成功受孕的关键，合理评价卵巢功能也有助于临床医生选择合适的辅助生殖技术方案。

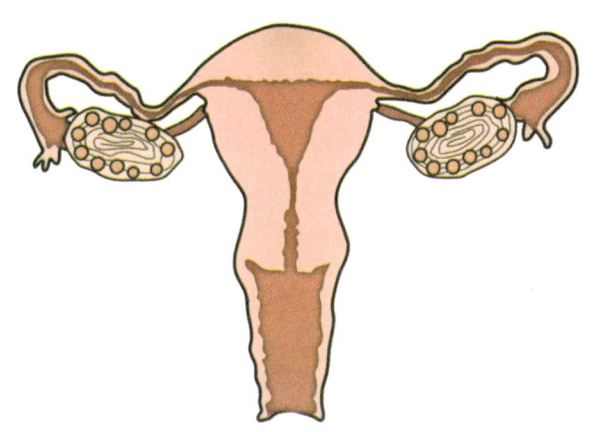

图 118　卵泡的发育

什么是超声卵泡监测？

一般认为，无论是自然周期还是治疗周期，随着年龄的增长，妊娠率呈下降趋势，可以通过卵泡监测来评价卵巢功能。关于监测排卵的方法和途径有：自然月经周期推算法、按体温变化计算法、排卵试纸、通过超声监测排卵等。这些监测手段中，首选超声卵泡监测，它能做到"看见"卵泡变化，也能帮助医生预测排卵的日子。

超声主要通过观察卵巢的大小、体积、血流和卵泡的发育情况来评价卵巢的储备功能以及卵巢对促排药物刺激的反应性，在监测卵泡发育的同时，指导选择适合的受孕时间，预测排卵结果，其最终目的是帮助女性朋友成功受孕。

什么时候开始做超声检查来监测卵泡呢？

一般情况下，月经周期在28~30天之间，卵泡监测应于月经第9~10天开始，一直监测到第16天。当然也有特殊情况，月经周期提前或延后者，须在医生的指导下根据卵泡直径大小来确定监测的间隔时间。

随着卵泡直径由小变大，当卵泡的直径大于等于18毫米时，意味着卵泡发育进入冲刺阶段啦！所以说，按照医生要求的时间来院就诊进行超声监测很重要，切不可擅自调整就医时间，以免错过卵泡监测的最佳时间。

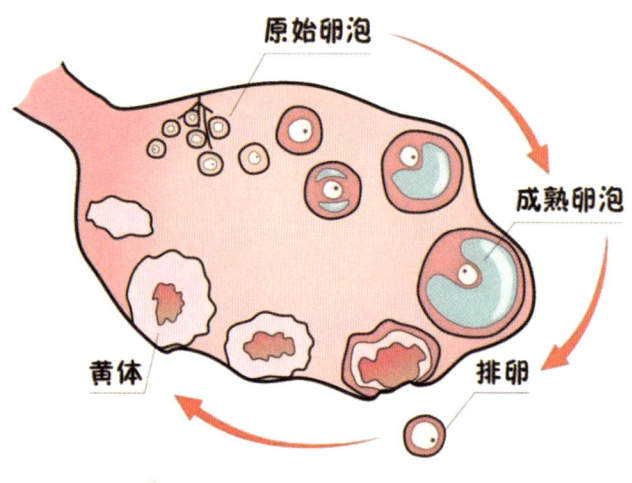

图119 卵子形成

妇产科超声热点问题

什么样的超声检查更适合卵泡监测？

多数人了解的"超声"，是一个圆圆胖胖的探头在肚皮上滑来滑去地检查，这是经腹部超声检查，它是隔着肚皮"看"卵泡的发育变化，而当监测对象为已婚有性生活者时，往往考虑采用经阴道超声检查（阴超）。阴超是在使用一次性隔离套确保安全无菌的前提下，将超声探头放置在阴道内进行检查的一种方法。与经腹部超声相比，经阴道超声检查更接近子宫和卵巢，图像更清晰，且无需憋尿，不受肥胖的影响，亦可避免肠道气体的干扰，检查结果更准确，既节省了就诊时间，又大大提高了诊断的准确率，可以说是超声监测卵泡最优选的途径。

哪些女性需要进行卵泡监测？

主要推荐以下 3 类人群：有生育要求、结婚后一直未能受孕的；内分泌失调的女性，例如有月经紊乱、月经不调、闭经表现的患者；卵巢功能早衰引起不孕症需要药物治疗的患者。

温馨提示

超声检查在辅助生殖领域中起着重要的作用，其中在检测卵泡的应用中最为广泛。友情提醒女性朋友按医嘱来院检查的同时，请将排卵监测周期内的超声报告依次按时间顺序保存，方便就医时医生通过与前次报告的对比，预约下一次的检查时间，以免不必要的重复检查。

（张郁妍　张伟红）

警惕异位妊娠,超声助好"孕"

小红结婚半年了,一直想要个可爱的宝宝。"这次月经推迟了1周,会不会怀孕了?"小红开心地想。于是她用验孕棒检测了一下,浅浅的两条杠——真的怀孕了!全家人都非常开心,期盼着宝宝的到来。可是没过几天,小红突然发现阴道少量流血,肚子也有点痛。"是不是有流产迹象啊?"老公叮嘱她赶紧去躺着休息保胎。然而,卧床休息了两天,情况并没有好转,小红的肚子越来越痛了,家人们很着急,赶紧带她来医院看急诊。

其实很多孕妈都像小红一样有过早孕期阴道流血或腹痛的经历,这种情况是不是就意味着先兆流产,需要赶紧保胎呢?答案是否定的。我们必须首先确定是不是宫内受孕,再决定要不要保胎。

正常女性体内有子宫、卵巢和输卵管等组织结构,怀孕后大多数孕卵是在子宫的宫腔内着床发育的,这属于正常妊娠。但也有部分女性孕卵在子宫腔以外的部位着床发育,就形成了异位妊娠,俗称宫外孕。

大约95%的异位妊娠发生在输卵管部位,由于输卵管管腔狭小,管壁薄,孕卵极易发生流产或破裂,严重时引起大出血会危及生命,这种情况下盲目保胎就非常危险。

妇产科超声热点问题

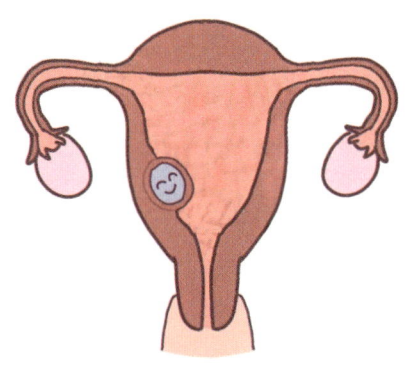
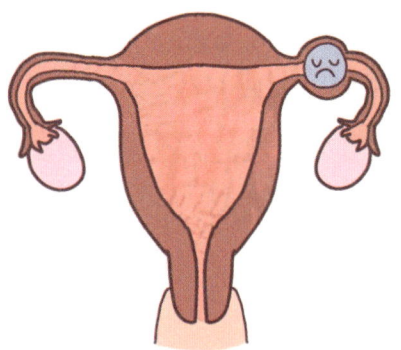

正常妊娠：孕卵在子宫宫腔内着床　　　　**宫外孕：孕卵在输卵管着床**

图 120　正常妊娠和宫外孕

那么，如何鉴别是宫内孕还是宫外孕呢？医生主要通过验血（血 HCG）和超声检查，尤其是阴超检查来辅助诊断。

问题又来了，很多人一听到阴超，就开始担心会不会对宝宝和孕妇有影响。答案同样是否定的。医生做阴超时，探头外面会套上一次性避孕套，然后轻轻推进阴道内，不会进入颈管，更不会碰到颈管上方宫腔内的宝宝，所以是安全的。

有人会说，腹超只需要在肚子上看，不是更安全方便吗？非也非也。早孕期如果做腹超检查，孕妇们需要适度充盈膀胱，但这个充盈度有时候很难把握，充盈少了看不清子宫，充盈太多膀胱太大，子宫离探头太远，同样看不清子宫内外的情况，加之有些孕妇腹部脂肪层较厚，图像就会变得更加模糊。而与腹超相比，做阴超时探头放在阴道内，距离子宫和卵巢等结构更近，所以图像比腹超更加清晰。

详细了解了这些情况后，小红选择了做阴超检查，医生在她的子宫右侧发现了异常包块，高度怀疑异位妊娠，后来小红被安排做了腹腔镜手术，确诊为右侧输卵管异位妊娠，术后几天就顺利出院了。医生告诉她等身体状况恢复良好，可以继续备孕。

温馨提醒

孕妈们早孕期如若出现阴道流血、腹痛等情况时,切勿自行盲目保胎,需提高警惕,尽早去医院借助超声等检查方法排除异位妊娠等异常情况,减少危急状况的发生,护佑平安幸福的好孕生活。

(插图:王怡婷)

(祝蕾)

宫腔里有堵墙，还能受孕吗？

小美年前去做了个体检，医生告诉她有"纵隔子宫"，可是往年检查都正常的，那么究竟是怎么回事呢？纵隔子宫有什么危害吗？会影响受孕生子吗？

纵隔子宫是最常见的子宫畸形之一。正常的子宫腔似一个倒三角形的房间，有一道门（正下方与宫颈管相通），两个窗户（上方宫底两侧与输卵管相通）（图121）。子宫发育早期，房间中间竖着一堵墙（纵隔），后来这堵墙从宫颈内口由下向上逐渐吸收形成正常的子宫腔。宫腔内充填着周期性生长的子宫内膜，也就是营养胚胎的土壤，月经期内膜脱落经下方的门排出形成经血。如果这堵墙并未完全消失则形成子宫纵隔。

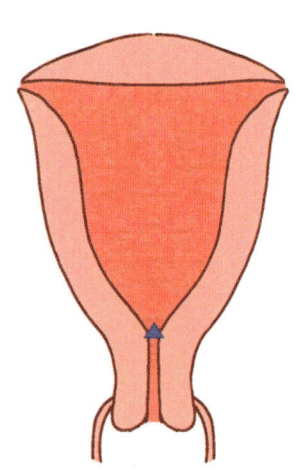

图121　正常子宫示意图

纵隔末端的位置非常重要，如果纵隔末端达到或超过宫颈内口称为完全纵隔子宫；纵隔末端在宫颈内口以上则称为不全纵隔子宫（图122）。

当然，纵隔子宫的分类也并非如此简单，医生检查的时候还需

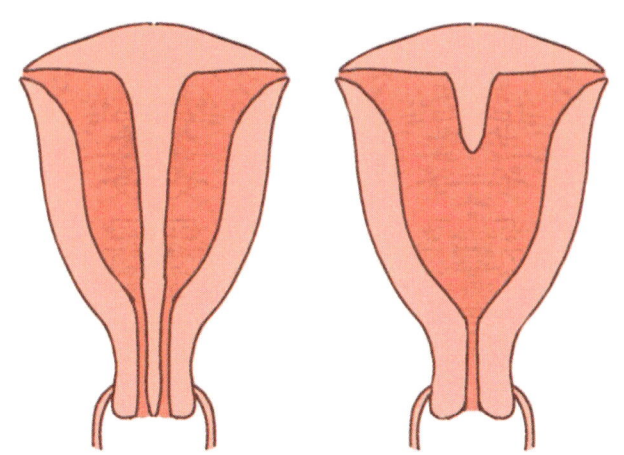

图 122　左图为完全纵隔子宫示意图，右图为不完全纵隔子宫示意图

要观察宫腔的外墙形状。纵隔子宫横径通常较宽，但外墙形状与正常子宫无明显差异。若存在外墙凹陷，凹陷深度大于 10 毫米应考虑双角子宫，有的患者甚至外墙完全分开成为双子宫（图 123）。

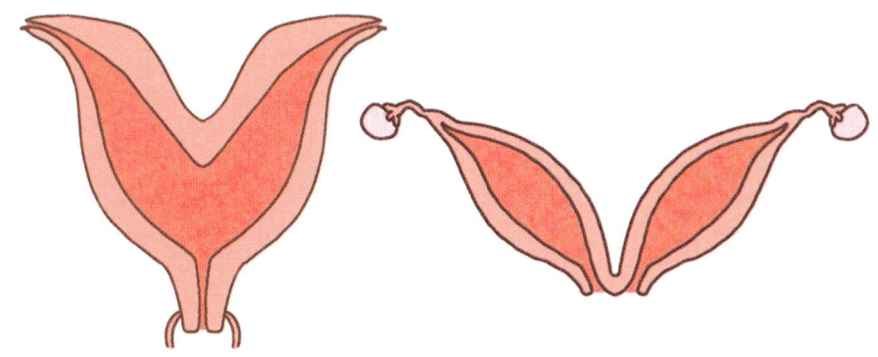

图 123　左图为双角子宫示意图，右图为双子宫示意图

当纵隔的深度 <10 毫米，两侧夹角 >90 度则考虑为弓形子宫（图 124）。弓形子宫被视作正常子宫变异，无需特殊对待。前文提到的小美就属于此种类型。"那么我应该做什么检查？检查有哪些要求？"小美问道。

经阴道超声检查为子宫畸形的首选检查方法，对于无性生活史的受检者推荐经直肠超声检查。三维超声能更好地评价子宫纵隔的深度以及子宫外墙凹陷的深度。子宫内膜的厚度随着月经周期呈现周期性的变化，月经即将来临之前内膜厚度相对较厚，为观察宫腔形态的最佳时期。

小结

纵隔子宫患者往往没有症状，主要对患者的生殖健康产生影响，可能导致复发性流产、早产、胎位异常等。对于复发性流产患者，可行宫腔镜下纵隔切除术恢复宫腔倒三角形态，但对于既往无流产及不孕史的纵隔子宫女性，是否行手术治疗尚存在争议。

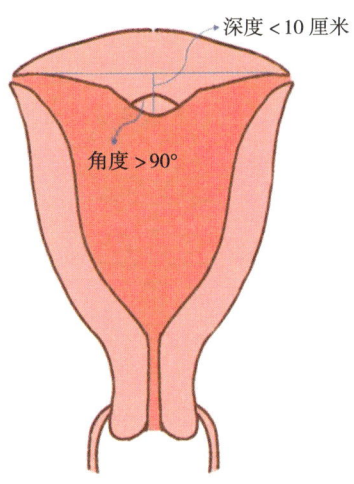

图124　弓形子宫示意图

（插图：王怡婷）

（吴淑道　任芸芸）

剖宫产后，子宫里多了个"小房间"

32岁的小张在3年前剖宫产生下一个可爱的宝宝，但自从生完孩子，她的月经长期处于异常状态（以前3~5天就能干净，现在就像黄梅天的雨，滴滴答答要拖上10~20天），严重影响了正常生活，也耽误了二胎计划。

对于女性来说，子宫是我们最温暖的房间。说到房子，很多人觉得房子越大越好，房间越多越好。可对于子宫来说，多出一个被称为"子宫切口憩室"的"小房间"，会让子宫成为"危房"。

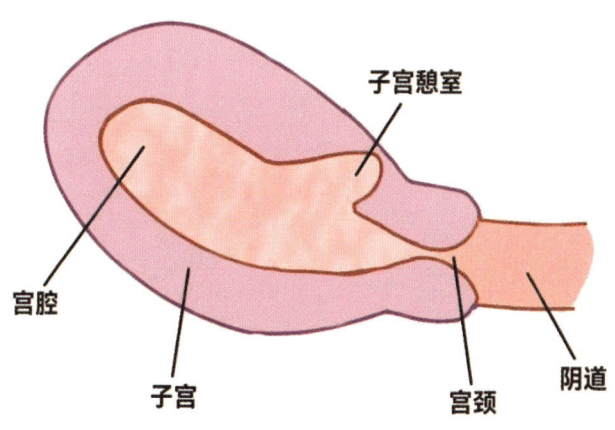

图 125　子宫切口憩室示意图

子宫切口憩室三大异常现象

（1）阴道异常出血：最常见，剖宫产术后，子宫切口由于愈合不良形成的一个凹陷（小房间）和宫腔（大房间）相通。它阻碍经血的正常流出，经血集聚于凹陷内排出缓慢，导致月经滴滴答答。

（2）痛经、盆腔痛：可能与瘢痕部子宫内膜异位症有关，也可能是出血时间长，继发炎症引起。

（3）继发不孕症。

子宫切口憩室怀二胎有风险

看到这里如果你觉得子宫切口憩室没有什么危险，那你就大错特错了。有憩室的患者如果再次受孕，受精卵刚好看中了这个"小房间"，并在此居住了下来，就相当于在肚子里埋了"雷"，不知道什么时候子宫"爆"了，会导致大出血。

即使胚囊没有种植在切口憩室内，子宫切口憩室的肌层原本就薄，在孕晚期可能就更薄了，甚至只有1~2毫米，分娩时一旦出现宫缩，也有子宫破裂的风险。

超声是子宫切口憩室首选检查手段

（1）憩室部位及形态：常规阴道超声可以发现子宫切口憩室位于子宫前壁下段肌层附近，多呈三角形或梯形，尖端突向子宫浆膜面，底端与宫腔相通。

（2）憩室回声：多为无回声，若其内有血块，可表现为混合回声或中等回声；憩室边界呈略高回声，边缘多模糊。

（3）憩室大小测量：憩室剩余肌层厚度最重要，即憩室外侧缘距子宫浆膜层的距离。若剩余肌层厚度小于邻近完整肌层厚度的50%或经阴道显示剩余肌层厚度≤2.2毫米，则认为是大型憩室，有妇科症状的憩室一半以上都是大型憩室。

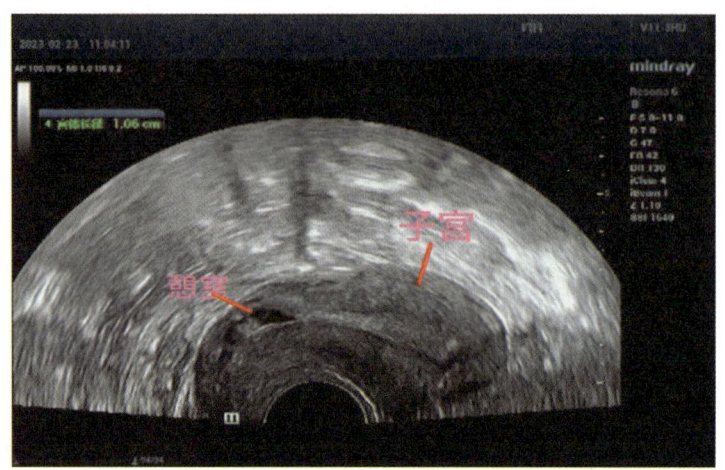

图 126　子宫切口憩室超声示意图

子宫切口憩室会"隐形"吗？

在平时门诊检查时，常常会遇到剖宫产术后月经淋漓不尽的患者来查憩室大小，但超声检查结果却未见明显憩室的腔室，明明妇科症状明显，难道"小房间"会消失？

给你个肯定的回答：不会！子宫切口憩室无法自愈，只不过无阴道出血时，憩室在周边组织的挤压下缩小或闭合，导致超声无法观察到。因此建议在经期后月经淋漓时行超声检查，该时期尚有少量经血存留在憩室内，超声检查容易确诊。

温馨提示

异常阴道流血是子宫切口憩室的最主要症状，且症状的轻重与憩室大小密切相关。超声检查最佳时机需在有临床症状，即阴道不规则流血时。前一胎剖宫产妇女再次妊娠时，需在孕早期超声检查孕囊与子宫切口的关系。

（插图：王怡婷）

（蔡琪）

生完就会"松",大笑就会"尿", 你的盆底还好吗?

有一种尴尬叫"湿身",你是否遇到过这样尴尬的情况?

图 127　咳嗽、打喷嚏时尿失禁

你身边是否有人生完宝宝后会在咳嗽、大笑或是打喷嚏时漏尿?总感觉小腹坠胀、阴道有异物感,尿频、尿急?

图 128　尿频、尿急

其实这些情况并不少见，我国成年女性尿失禁患病率为 30.9%；约有 1/3 的成年女性的生活质量受到尿失禁的影响；而且这些影响有随着年龄增长而增加的趋势。这一系列症状很可能都归因于盆底功能出现了问题。很多妈妈，尤其是二胎妈妈在产后保健时被告知患有盆底功能障碍性疾病。

盆底有什么功能呢？

盆底的功能有承托、括约和参与性功能。盆底由盆底肌肉群、结缔组织、神经、血管以及骨性结构共同构成，它们相互作用和支持，承托并保持子宫、膀胱、直肠等盆腔脏器处于正常位置，维持正常的排尿、排便和性功能。

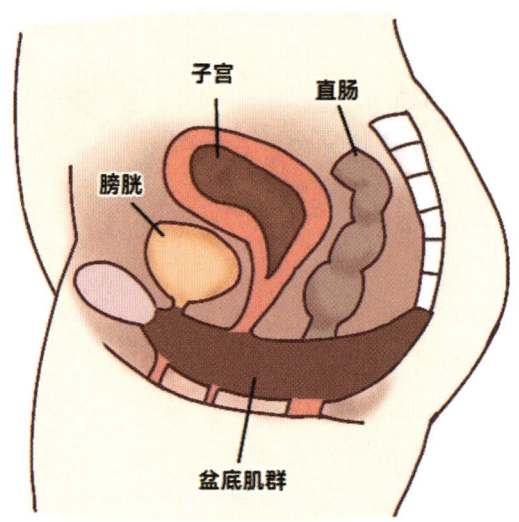

图 129　盆腔剖面图

盆底功能障碍性疾病（Pelvic Floor Dysfunction，PFD）是由于盆底支持结构缺陷或退化、损伤及功能障碍所导致的一类常见疾病。妊娠和分娩会对盆底组织造成损伤，女性盆底功能障碍性疾病已成为当前影响全球妇女身心健康的五种最常见的疾病之一，它严重影响着妇女的社会活动和身心健康，被称为"社交癌症"。

哪些表现提醒我们盆底肌可能松了?

（1）咳嗽、打喷嚏、运动或者搬重物时出现漏尿（压力性尿失禁）情况。

（2）会阴部膨出或有下坠感，即盆腔器官脱垂（膀胱、子宫、直肠脱垂）。

（3）大便失禁、性功能异常、慢性盆腔痛等。

遇到上述情况怎么办?

不要相信产后修复机构、美容院等场所的广告，赶紧到医院做个盆底超声检查吧。盆底超声近年来逐渐被广泛应用于盆底功能障碍性疾病的诊断和治疗。

通过盆底超声检查我们能早期发现盆底功能障碍性疾病，它可以更直观地观察盆腔（膀胱颈是否开大呈漏斗状、尿道外括约肌的形态、阴道前壁是否膨出、有无子宫脱垂、有无直肠膨出、小肠膨出或肠疝等）。及早检查可在临床症状出现前或症状较轻时通过物理治疗来恢复盆底支持结构的功能，从而避免或延缓手术治疗，提高患者生活质量的同时减轻其经济负担。此外，盆底超声检查还可在盆底盆腔术后对手术效果进行追踪评价。

什么情况适合进行盆底超声检查?

怀疑或者患有盆底功能障碍的人群均可进行盆底超声检查。包括以下几种情况。

（1）顺产、剖宫产术后复查，了解盆腔脏器恢复情况；

（2）有明显漏尿或产后多年偶有漏尿情况、持续性排尿困难，或具有其他泌尿系症状的患者；

（3）临床检查有阴道前壁和（或）阴道后壁膨出及子宫脱垂的

患者；

（4）有梗阻性排便障碍，便意不尽、慢性便秘者；

（5）盆底康复治疗前后的疗效评估；

（6）二胎备孕前了解盆腔情况，降低二次孕育对盆腔脏器的影响等。

总之，盆底超声是一个直观、简单判断盆底功能的检查方法。面对盆底超声检查结果异常也不用太担心，早期诊断一旦发现盆底肌康复不好，多数女性都可以通过盆底肌肉功能训练、电疗等方式达到治疗目的。

（插图：王怡婷）

（李梦）

宝妈产后"大肚腩"正常吗?

有些宝妈产后体重虽已恢复产前状态,可肚皮上的肉肉却不见减少,还如怀孕五六个月一般;有些宝妈产后,肚皮上的皮肤变得松松的、皱皱的,往日的紧绷感一去不复返;有些宝妈产后明显感到腰酸,腹壁肌肉无法用力,下个床都十分吃力,爬也爬不起来;还有些宝妈产后稍微一用力,肚子就会鼓出一块包来,着装选择十分受限……如果您是宝妈,又有以上的情况,极有可能患有产伤性腹直肌分离!

什么是产伤性腹直肌分离?

产伤性腹直肌分离是产后康复、腹壁外科等医学专业领域的常见病之一,其主要特征是两侧腹直肌分离过度。

位于腹壁正前方的腹直肌是伫立在内脏前方的门户,是保护腹腔的两扇"门",平时都是紧闭关拢的,怀孕的时候会被动开放一会儿,妊娠后如果没有恢复到紧闭状态,内脏就会往"门"外面突出来,出现腹直肌分离,并伴有腹白线的增宽松弛。

生理性的腹直肌分离主要出现在孕中晚期以及妊娠(分娩)后初期等阶段,因为很多产妇都会出现这样的症状,所以没有引起大

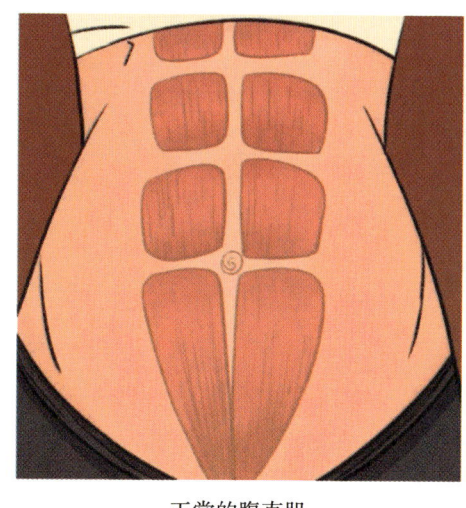 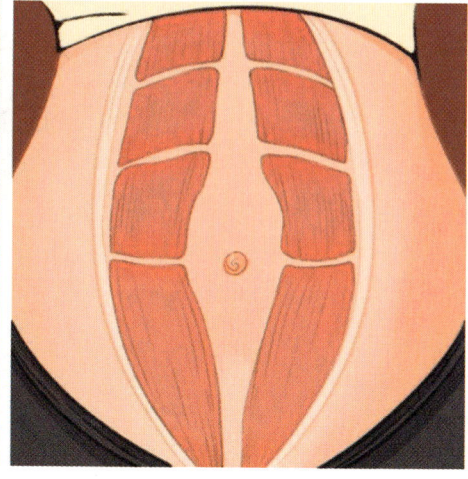

正常的腹直肌　　　　　　　　产伤性腹直肌分离

图 130　产前产后腹直肌形态区别

家的重视。

但是，如果产后 6 个月，肚子仍然收不回去，两侧腹直肌分离宽度仍超过 3 厘米，则称为产伤性腹直肌分离。

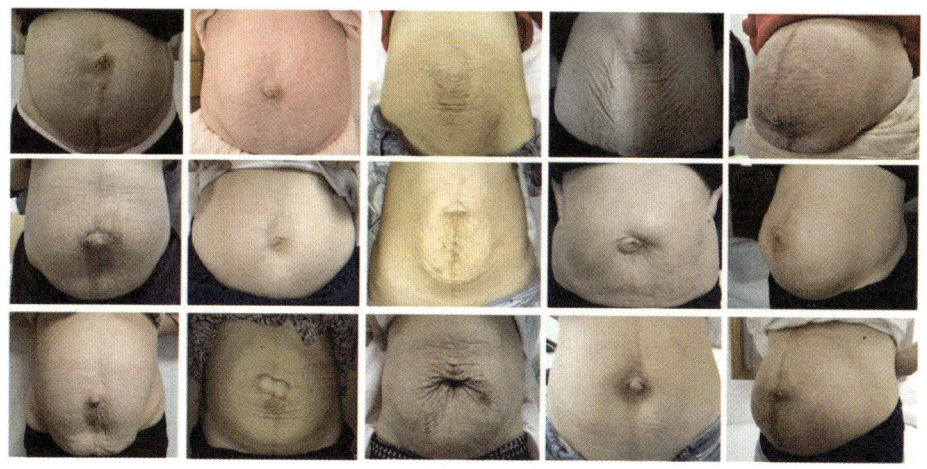

图 131　产伤性腹直肌分离的各种表现

产伤性腹直肌分离的原因及危害？

产伤性腹直肌分离的高危因素包括但不限于：高龄、多次妊娠、多胎妊娠、孕期缺乏锻炼、孕期或产后体重增长过快、产后缺乏锻炼、重体力劳动者、提重物（例如抱小孩）等。

产伤性腹直肌分离患者若没有及时发现，或未接受正规诊治，容易在分离的基础上，使松弛变薄的腹白线挡不住腹腔压力，当腹腔压力达到一定程度后，出现筋膜缺损，形成脐疝或者白线疝。轻则影响美观，表现为腹壁外形松弛、腰肥臀圆；重则会出现核心力量减弱、腹腔内脏下垂、腰背部及骨盆区疼痛、尿失禁等不适症状。

如何判断产伤性腹直肌分离？

针对产伤性腹直肌分离患者，高频超声和弹性超声能直观测量腹直肌分离的宽度、肌肉的厚度及硬度，协助临床评估病情的严重程度（表3）。

临床将前腹壁正中区域（腹直肌区域）称为 M 区，自剑突到耻骨联合将该区域分为 M1~M5 区。利用高频超声分别对每个区域进行测量，可以明确两侧腹直肌间的分离宽度，并对腹壁肌群的肌肉厚度进行测量，从而评估康复后肌肉量变化及功能。

超声具有可重复、高分辨率以及可动态显示肌肉细小结构的特

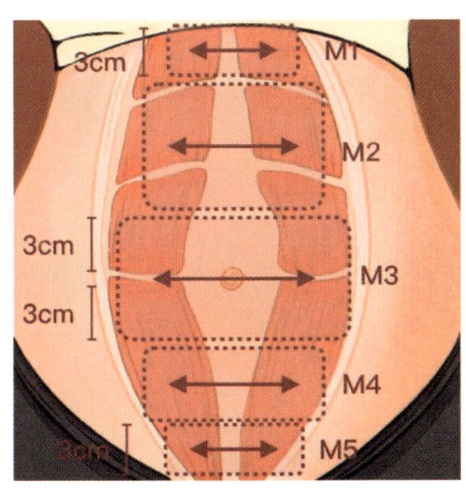

图 132 腹直肌分离分型

表 3 腹直肌分离分级

分级	分离宽度
轻度	2~3 厘米
中度	3~5 厘米
重度	>5 厘米

点，并可结合弹性超声技术反映肌肉的硬度，为临床治疗提供科学的评估，有效地为宝妈们恢复身体健康、重拾自信保驾护航。

（周秀玲）

异常妊娠

人家怀的是小孩，为啥我怀的是葡萄？

小张已经41岁了，结婚多年一直未孕，最近查出怀孕了，全家都特别高兴，虽然刚知道怀孕，但是孕吐很厉害。这一天突然发现自己内裤上有血迹，就去医院看了急诊。结果到医院做了检查后，医生告诉她："你怀的可能是葡萄胎。""什么？别人怀的是小孩，我的为啥是葡萄？"

图133　葡萄胎

那么什么是葡萄胎呢？葡萄胎是妊娠滋养细胞疾病在组织学上的一种类型。葡萄胎因妊娠后胎盘绒毛滋养细胞增生、间质水肿，而形成大小不一的水泡，水泡间借蒂相连成串，形如葡萄状，因而得名，也称水泡状胎块。简单来说葡萄胎就好比爸爸的基因太厉害，过度表达了，占据了妈妈的半壁江山，从而导致胎儿无法正常发育。

葡萄胎分为两种，完全性葡萄胎和部分性葡萄胎。

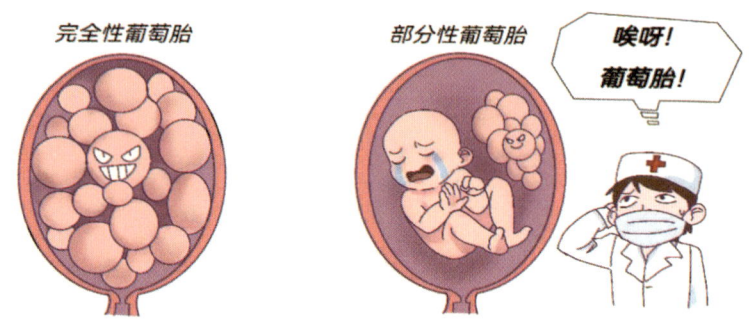

图 134 完全性葡萄胎和部分性葡萄胎

葡萄胎有哪些超声表现呢？

（1）完全性葡萄胎：与停经周数相比较，子宫明显增大，宫腔内未见正常受孕本该有的双环征及胚胎组织，而充满回声紊乱区，就好像宫腔里面有许多小于 10 毫米的葡萄样无回声，偶尔会有大的"葡萄"，其形态不规则，壁薄，呈蜂窝状改变（又称为"落雪征或瑞士干酪征"）。此外超声科还有一个好助手可以帮助我们诊断，那就是彩色多普勒超声。通过彩色多普勒超声，可以看到完全性葡萄胎血流信号丰富，血流阻力指数降低，此外常常伴有一侧或是双侧卵巢黄素化囊肿。

（2）部分性葡萄胎：比较狡猾，水肿的绒毛与胎儿共存，胎儿或许还能够存活，不伴卵巢黄素化囊肿。往往因为缺乏典型的超声表现，很难诊断，诊刮前明确诊断的仅为 6.2%，超声一般表现为子宫大小与停经周数相符或略小，宫腔内可见胚胎或胎儿，同时也可见孕囊异常或胎盘存在部分蜂窝状回声区（就好像葡萄躲在胎盘的内部）。彩色多普勒超声显示未见明显血流或仅周边可见星点状血流。

妇产科超声热点问题

葡萄胎的高危人群有哪些呢？

（1）年龄≥45岁或≤15岁时，发生完全性葡萄胎的风险最高。女性35岁以上发生完全性葡萄胎的风险比21~34岁之间的人群高2倍，而40岁以上则增至7.5倍。

（2）有过葡萄胎史的女性容易再次发生葡萄胎，是一般人群风险的10~15倍。

什么检查能发现葡萄胎？

超声检查，尤其是经阴道的超声检查可以对宫腔内的情况"一探究竟"。同样是停经后的超声检查，正常宫内妊娠的超声图像往往是在宫内可见孕囊，孕囊内可以看见宝宝的雏形、胚芽和宝宝有节律的心跳。

而超声下葡萄胎的表现，则是宫腔内没有正常的胚胎，取而代之的是宫腔充满一串串像"葡萄"一样的无回声组织物。除此之外，相当一部分的葡萄胎患者的血清人绒毛膜促性腺激素（Human Chorionic Gonadotropin，HCG）测值远远高于正常妊娠测值。需要指出的是，在前两项检查完成之后，最终确诊葡萄胎的依据是病理科的组织学检查。

葡萄胎是恶性的吗？

不是。葡萄胎是良性疾病，最常见的临床表现是停经后阴道流血，同时也会有和早孕反应一样的呕吐症状。这些症状和流产相似，可以说也是在早孕期容易忽略的原因，故凡有停经后不规则阴道流血就要考虑葡萄胎的可能。当水泡样组织侵入子宫肌层或出现转移时，这时候便称之为"侵蚀性葡萄胎"，它则是一种恶性滋养细胞肿瘤。因此停经后的超声检查，尤为重要且必要。

葡萄胎要怎么治疗呢？

葡萄胎诊断一经成立，应及时清宫，将刮出物送病理组织学检查。虽然葡萄胎为良性疾病，但部分可发展成妊娠滋养细胞肿瘤。因此患者清宫后还必须定期随访 HCG 以及超声检查。

术后还需要定期检测血 HCG。国际妇产科联盟推荐葡萄胎妊娠患者每 1~2 周随访检测 1 次血 HCG 直至恢复正常，然后每月检测 1 次，持续 6 个月正常才能停止检测。对于部分性葡萄胎患者，若 HCG 正常后 1 个月复查 HCG 仍正常，则可停止监测。若清宫后 HCG 持续异常要考虑妊娠滋养细胞肿瘤。

温馨提示

女性受孕年龄 >35 岁或 ≤15 岁时，或者既往有过葡萄胎史，如果发现自己受孕后，在孕早期就出现阴道出血、腹痛和妊娠剧吐，那就必须去医院检查，若同时有血清 HCG 异常增高和典型的超声表现，便要高度怀疑葡萄胎了。

（插图：王怡婷）

（项金莲　张郁妍　张伟红）

大排畸都是好的，宝宝就一切都好吗？

大排畸（中孕期胎儿超声大畸形筛查）好不容易完成，也没发现什么问题，宝妈边起身边满怀期待地问我："医生，我的宝宝一切都好吗？"

听到这个问题，讲真的，我的内心是纠结的（毕竟要说很长一段话）……但是作为一名医生，我尽量口齿清晰地回答："按照国家及国际中孕期筛查指南，目前所检查的结构没有发现异常。"

听完这句，心大的宝妈面带喜色："哦，都好的！谢谢医生！"

拿好报告就要走，我赶紧趁她走出诊室之前加一句："医学是有局限的……"也不知道她有没有听进去。

如果心思缜密的宝妈则会很紧张："医生，我宝宝有哪里不好吗？"我赶紧解释："没有发现不好的地方，但是大排畸不是所有结构都看的，而且由于医学的局限性，有些问题看不出来，有些问题目前还不会出现。"明白人听明白了，不明白的人更加糊涂了。

图135 大排畸

今天就和大家抠抠字眼儿，从四个方面详细地解释"按照国家及国际中孕期筛查指南，目前所检查的结构没有发现异常"这句话吧。

不是所有结构都检查

根据《产前超声检查指南》并结合《国际妇产科超声学会指南》，大排畸主要包括：头颅光环、脊柱、眼眶、口唇、鼻骨、四腔心、左室流出道、右室流出道、胸腔、胃泡、肠管、腹壁、双肾、膀胱、双侧肱骨及尺桡骨、双侧股骨及胫腓骨、双腕、双踝等胎儿结构以及胎盘、羊水、脐带等胎儿附属物的检查。而例如耳朵、手指、脚趾、外生殖器等都不属于检查的范畴：由于体位影响，这些结构有时很难观察到，此外这些结构的病变也并无致命性或对人体有严重影响。

"目前"是指本次检查的结论

由于胎儿是不断生长发育的，有些异常需要在晚孕期甚至出生后才发生、发展，比如肾脏发育不良、肾盂积水、心脏横纹肌瘤等；而肛门闭锁、远端肠闭锁或狭窄等在大排畸阶段虽存在，但不出现征象，在晚孕期或出生后才可被发现。

超声主要是检查结构形态，不包括染色体、基因和相关功能的检查

当然某些染色体和遗传综合征常常合并结构的异常，但是有一部分染色体及基因异常的胎儿无任何结构的异常，如部分21-三体综合征、苯丙酮尿症等。另外结构无异常并不代表功能正常，例如孤独症、多动症等神经功能异常。

没有发现异常并不代表正常

原因有二：一是产前超声医学的局限性，只能排除70%左右的

结构异常，存在无法或很难发现的畸形，例如房间隔缺损、小型室间隔缺损、唇红裂、小型隐性脊柱裂、腭裂、部分性肺静脉异位引流等；二是有些在中孕期无异常超声表现的疾病，比如肛门闭锁、远端肠闭锁或梗阻、晚发性膈疝等。另外母体腹壁及子宫肌层的条件以及胎儿的姿势对于异常的发现率也有影响。

专家评论

解释了这么多，是不是觉得没有异常提示的大畸形筛查报告结果很可怕，还不如不解释？其实，大可不必焦虑。一方面，绝大多数胎儿都是正常的；另一方面，大排畸虽不能"包看百病"，但可以发现绝大多数严重畸形。没有异常提示的大畸形筛查报告已经是最好的结果啦！

（插图：王怡婷）

（赵凡桂）

双胎大小不一致,要紧吗?

一次妊娠同时获得两个宝宝,是许多孕妈妈梦寐以求的事情。然而,部分双胎妊娠的孕妈享受双倍幸福的同时,也承担了数倍烦恼。双胎大小不一致就是困扰双胎妈妈的常见问题之一,超声如何为双胎生长发育保驾护航呢?本文一一来介绍。

双胎大小不一致是生长受限吗?

双胎选择性生长受限一直没有统一的诊断标准,目前主要采用 2019 年国际相关领域专家共识:双胎之一腹围或估计胎儿体重小于相应孕周单胎胎儿体重的第 3 百分位或一胎满足以下 4 条标准中的 2 条:①腹围小于第 10 百分位;②估计体重小于第 10 百分位;③双胎估计体重差大于 25%;④小胎儿脐血流搏动指数大于第 95 百分位。

双胎选择性生长受限预后好吗?

单绒毛膜(monochorionic,MC)双胎选择性生长受限的预后与分型有关,根据小胎儿脐血流频谱特点分为三型:Ⅰ型,脐动脉舒张末期血流持续存在,小胎儿胎死宫内发生率仅 3%;Ⅱ型,脐动脉舒张末期血流持续缺失，小胎儿存活率70%~90%；Ⅲ型，脐动脉舒张末期血流间歇性缺失，小胎儿存活率接近90%，但大胎儿神经系统损伤的发生率增高（16%）。双绒毛膜（dichorionic，DC）双胎小胎儿存活率随着双胎估计体重差异增加而降低。

发生双胎选择性生长受限怎么办？

双胎选择性生长受限建议每2周超声评估双胎生长发育，每周评估羊水量及血流指标。判断小胎儿病情恶化的指标包括生长停滞、羊水过少、静脉导管a波持续性反流、水肿等。

如出现病情恶化的情况，应结合孕妇并发症、孕周及小胎儿宫内状态，及时采取减胎等治疗措施或适时终止妊娠。

万一发生双胎之一胎死宫内对存活胎儿有影响吗？

双胎选择性生长受限的小胎儿病情恶化如不及时采取措施，可能发生宫内死亡。DC双胎由于双胎血液循环完全分开，一胎胎死宫内后对存活胎儿影响较小，早产是存活胎儿面临的主要风险（发生率约50%）。

MC双胎共用一个胎盘，由于双胎血管吻合的存在，胎盘类似于连通器，双胎之一胎死宫内，死胎侧血压骤降，存活胎儿通过胎盘吻合血管向死胎急性输血，可能导致存活胎儿贫血、脏器缺血或脑损伤甚至死亡。因此，发现MC双胎之一宫内死亡，有必要超声评价存活胎儿颅内出血情况，通过大脑中动脉峰值流速了解存活胎儿贫血情况，必要时输血治疗。

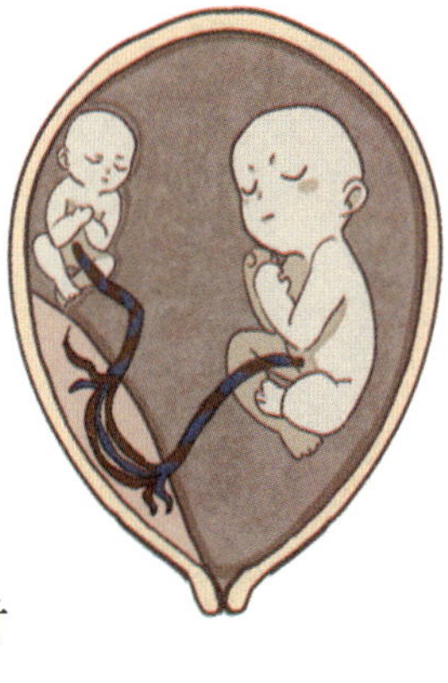

图136 两个宝宝大小不一致，要紧吗？

专家提示

双胎选择性生长受限是双胎最常见的并发症之一,预后与双胎绒毛膜性及选择性生长受限分型有关。确诊后建议每2周超声评估双胎生长发育,每周评估羊水量及血流指标。根据生长受限的类型及小胎儿病情进展情况采取规范的治疗和随访方案。

(插图:王怡婷)

(黄晓微)

有了无创DNA，NT还要做吗？

小美怀孕12周时进行了早孕期颈项透明层（Nuchal Translucency，NT）检查，超声检查提示NT增厚。医生又建议小美抽血检测无创DNA，说能检出99%以上的染色体异常。小美有些疑惑，既然无创DNA的准确率这么高，为什么还要做NT检查呢？下面，我们就和大家聊聊这两种检查的意义。

什么是无创DNA？

无创DNA，即无创产前检测技术，通过检测孕妇血中的胎儿游离DNA片段，来评估胎儿常见染色体异常（21-三体、18-三体和13-三体）的风险。21-三体、18-三体和13-三体属于先天性基因发育异常，一般预示着唐氏综合征、Edwards综合征、Patau综合征或者神经系统发育畸形等。

我国推荐妊娠12周~22周+6天进行无创DNA筛查。

（1）无创DNA的优势。

只需1次性抽取孕妇外周血5~10毫升。21-三体、18-三体和13-三体的检出率分别为99.2%、96.3%和91.0%。

（2）无创DNA的不足。

①检测目标仅为 3 种常见染色体非整倍体异常。

②有慎用和不适用人群：例如重度肥胖（体重指数 > 40）、高龄孕妇、双胎妊娠、超声筛查提示有结构畸形等。

③不是最终确诊手段。对于超声筛查提示有结构畸形的，还是要进行介入性产前诊断（如羊水穿刺）。

什么是 NT 检测？（早孕期超声筛查）

NT 即颈项透明层，是指胎儿颈背部皮肤与软组织间的条带状液体。一般 NT 测量是包括在早孕期超声筛查项目中的，在妊娠 11 周~13 周 +6 天（头臀长 45~84 毫米）时进行。早孕期超声筛查不能代替中孕期大畸形筛查。

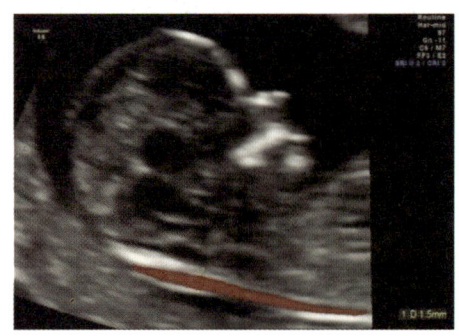 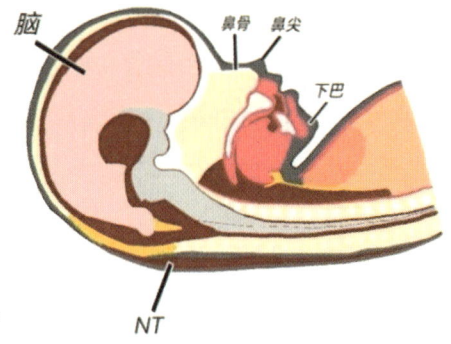

图 137　灰阶超声进行胎儿 NT 检测

（1）NT 增厚的胎儿一定有畸形吗？

目前采用的 NT 阈值多为 2.5 毫米，大于 2.5 毫米则提示 NT 增厚。NT 增厚，并不意味着胎儿一定有异常，大部分尤其是轻度增厚者，可以是正常胎儿。但是，NT 增厚的胎儿中也有一部分存在出生缺陷，包括染色体异常、遗传综合征、先心病以及其他系统畸形等。

（2）NT 的优势。

早期筛查出生缺陷的高危人群，能引起临床的高度重视，降低漏诊率。NT 检测的同时还能够确定孕龄和筛查胎儿有无早期严重的结构畸形（例如：无脑儿、胸外心等）。

（3）NT的不足。

①非整倍体染色体异常的检出率较低（64%~70%）。

②NT测量的超声标准断面获取难度较高，需要严格质控。

③NT增厚只是一个现象，还需要有针对性地选择进一步的诊断性检查。

因此，若单纯NT增厚，未发现其他畸形，可结合病史，选择无创DNA检测或者羊水穿刺。若NT增厚合并其他畸形，则需要进行羊水穿刺+遗传咨询。无论是否要做无创DNA，NT检测（早孕期超声结构筛查）都需要做。

专家点评

无创DNA和NT是从两个不同的角度来筛查胎儿畸形，无创DNA筛查的是3种常见胎儿染色体非整倍体异常；NT筛查的则是胎儿局部结构改变，涉及一部分染色体异常、遗传综合征、多种结构畸形等。两者有交叉但不等同，所以，无创DNA和NT检查并不矛盾，两者可以相互补充。

（插图：王怡婷）

（朱晨　任芸芸）

危险！侵蚀子宫肌层的"杀手"
——警惕胎盘植入

32岁的李女士，2年前剖宫产一健康宝宝，现再次受孕30周，产检时发现胎盘植入，医生告诉她，胎盘侵蚀了部分子宫肌层，生产时胎盘无法自行剥离，需人工剥离，会引起产后大出血，危险时要紧急切除子宫。李女士非常紧张："医生，正常情况下胎盘不就是长在子宫壁上的吗？为什么要手剥胎盘？我可怎么办啊，难道真的要切子宫吗？"

其实，胎盘和子宫壁是附着的关系，正常胎盘和子宫之间隔着子宫内膜，内膜本身可以阻止胎盘的绒毛入侵子宫肌层，但当内膜受损时，胎盘就像树根，错综分散并深深地扎根在子宫肌壁内，甚至穿透子宫，称为胎盘植入。胎盘植入肌层造成产后该处的胎盘组织不能自行剥落，需要人工剥离，易引起产后大出血，危险时需切除子宫。

胎盘植入有哪些类型？

（1）胎盘粘连——绒毛黏附于子宫肌层表面，未达到子宫肌层。

（2）胎盘植入——绒毛侵蚀部分子宫肌层深处，未达到子宫浆膜面。

（3）穿透性胎盘植入——绒毛侵蚀子宫肌层并穿透子宫肌壁达到或超过子宫浆膜面，甚至侵及邻近器官。

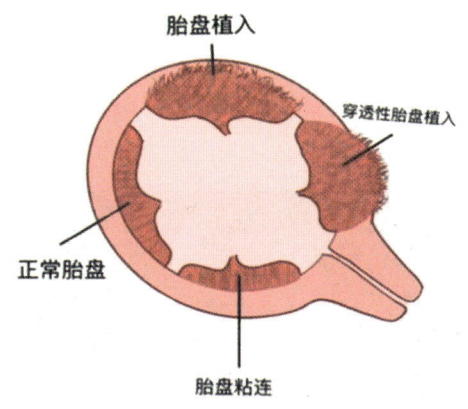

图 138　胎盘植入类型示意图

哪些孕妇容易发生胎盘植入？

前置胎盘以及任何影响子宫内膜完整性的有创操作如既往剖宫产、人工流产、宫腔镜手术及炎症等。

胎盘植入的产前诊断？

超声是胎盘植入诊断的首选方式，为了减少由于超声医师主观经验影响，目前常用胎盘植入超声评分量表预测术前胎盘植入的类型及凶险程度。

超声评分量表观察项目包括：

（1）胎盘的位置：有无前置胎盘。

（2）胎盘厚度。

（3）有无"干奶酪征"——胎盘陷窝，胎盘内大小不等、形态不规则的液性暗区。

（4）胎盘间隙是否消失——胎盘附着处子宫肌层变薄（≤2毫

米）或消失。

（5）膀胱壁是否完整——胎盘穿透子宫浆膜层时，可见胎盘组织突向膀胱。

（6）子宫膀胱表面有无异常增生的血管。

（7）宫颈形态是否完整。

（8）宫颈内和周边的血流情况。

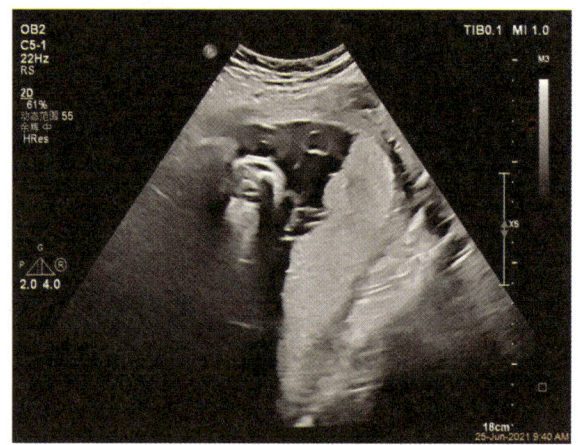

图 139　正常胎盘超声示意图

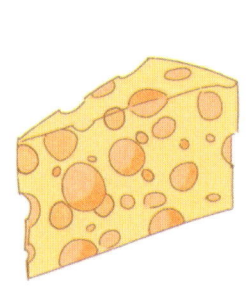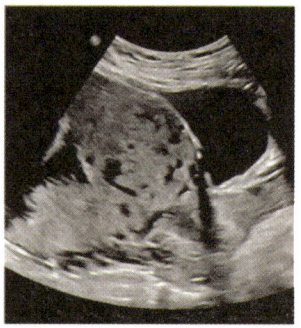

图 140　胎盘植入"干奶酪征"示意图

对以上各观察项目，按严重程度分别评 0~2 分，再根据剖宫产史，加 0~2 分，最后计算出总分值，最高分为 18 分。评分 <3 分提示无植入或胎盘粘连，3 分≥评分 <10 分提示胎盘植入，评分≥ 10

分时，穿透性胎盘植入可能性大。该量表评分越高，出血风险越大，子宫切除可能性越大。对筛查出有胎盘植入风险的孕妇进行每周复查超声评分评估。若经评估继续妊娠的风险很高，应考虑终止妊娠。

专家评论

预防胎盘植入的发生，那就是减少对子宫内膜的损伤，采取有效的避孕措施，尽量减少不必要的人流、宫腔操作，严格把握好首次剖宫产的指征。对于有胎盘植入风险的孕妇，要加强孕期管理，定期复查超声以精确评估。

（插图：王怡婷）

（蔡琪）

宝宝心脏上有个洞，危险吗？

门诊经常碰到孕妈产检彩超检出胎儿室间隔缺损，她们十分焦虑，问大夫"宝宝心脏上有洞，是不是很严重啊，能不能要？洞会不会越来越大？出生后能治愈吗？手术风险大不大？"因此很有必要科普一下室间隔缺损。

什么是室间隔缺损？

心脏由左、右心房和左、右心室组成，即所谓的"两房两厅"。"两厅"即左右心室之间有一面"墙壁"，即室间隔，使"两厅"分隔互不相通。"墙壁"室间隔应该完整不漏，如果墙壁上有漏洞，医学上叫"室间隔缺损"，简称室缺。左右心室的血液就会通过漏洞互相流动，通常是从压力高的心室漏到压力低的心室，造成了血液分布的紊乱，有的地方血多，有的地方血少，引起一连串的临床症状。室缺是最常见的先天性心脏病，在我国约占先天性心脏病的一半。

室缺有啥症状？

小于5毫米的室缺一般没有任何症状。如果缺损大于5毫米，宝宝会表现出以下症状。

（1）心跳快。

（2）气促、呼吸声音大。

（3）体重不增。

（4）吃奶费劲，易疲倦和出汗。

（5）皮肤苍白。

胎儿室缺怎么分型?

根据缺损的位置，分成膜部缺损、肌部缺损、干下型缺损和房室通道型缺损（图141）。

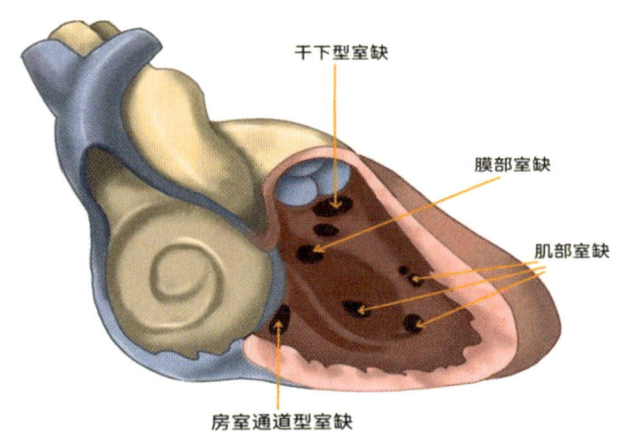

图 141　常见室缺分型

（1）膜部缺损：位于主动脉瓣下方、三尖瓣隔叶后方，是室缺最好发的部位，也是最容易长好的位置，三尖瓣组织会覆盖室缺形成膜部瘤。

（2）肌部缺损：分为沿右心室游离壁的边缘部肌部缺损、中央部肌部室缺和心尖部室缺。肌部缺损通常自然闭合。

（3）干下型缺损：又称为肺动脉瓣下或双动脉瓣下室缺。缺损的部位紧邻两个动脉瓣膜的下方。常伴有主动脉右冠瓣的脱垂，主动脉瓣关闭不全。此型缺损不会自发闭合，出生后需要及时手术治疗。

（4）房室通道型缺损：位于三尖瓣在右室壁和室间隔的附着部位之间的后上部，约占室缺的5%，是最少见的缺损。该缺损很少单独存在，常伴有原发孔型房间隔缺损，这类缺损不会自发闭合。

室间隔缺损预后怎样？

首先，需要根据室缺大小判断。小于3毫米的室缺预后很好，大部分婴儿无症状；大的室缺（大于5毫米）需要治疗，目前有微创介入封堵和外科手术两种方法，成功率均接近100%，治疗成功后心脏能恢复到跟正常孩子一样。其次，看室缺部位。膜周部和肌部缺损约40%在2岁内自然关闭，65%在5岁内自然关闭；干下型和房室通道型缺损不会自然闭合，需要出生后尽早手术治疗。

查出胎儿室间隔缺损怎么办？

超声查出胎儿室缺，除了要仔细检查整个心脏及心外结构，还应进一步做染色体检查。如果染色体正常，无需特殊处理，安心分娩即可。万一合并染色体异常，目前医学治疗是非常困难的，而且效果也大都不尽如人意，建议引产，具体应咨询专业的胎儿医学科大夫。

专家建议：

①胎儿室缺是最常见的先天性心脏病，属于较轻的先心病。部分室缺有自愈可能，即使不能自愈，微创介入和外科手术治疗效果很好，治疗后和正常宝宝一样，宝妈不要太紧张。②检出室缺最关键是要查宝宝染色体，只要染色体正常，可以继续妊娠，不需要引产。万一不幸合并染色体异常，需要咨询专科大夫。

（插图：王怡婷）

（陶子瑜　任芸芸）

妇科病变

超声发现卵巢长了肿块，哪些是"癌"信号？

张女士今年43岁，单位体检后，超声检查报告提示"右卵巢畸胎瘤可能，左卵巢内膜样囊肿可能"。张女士一头雾水，自己平时没什么感觉，怎么一下子就长了瘤和囊肿？上网一查，看到五花八门的描述，张女士更是不知所措。那么这些超声描述到底是什么意思呢？

卵巢是女性全身脏器中原发肿瘤类型最多的部位。本文介绍超声报告中关于卵巢肿块的几种常见"信号"。

无回声

在超声图像中代表清透的液体，比如"水"等。生理性囊肿（如卵泡潴留性囊肿）和单纯性囊肿均表现为无回声，二者区别为前者与月经周期有关，一般月经第5~7天（从月经来的第1天开始算）超声复查，多数可消失；而后者不随月经周期变化，一直存在。

弱回声

在超声图像中代表稠厚的液体，比如"陈旧性积血"等，常见于卵巢内膜样囊肿（又称"巧克力囊肿"）。

低回声或中低回声

在超声图像中代表实性肿块或者囊实性混合肿块，这类表现可以出现在良性肿瘤，也可以出现在恶性肿瘤。

（1）良性肿瘤中，浆液性囊腺瘤、黏液性囊性瘤和卵巢纤维瘤较为常见。超声图像可见分隔，或少量乳头状突起（<3个），伴或不伴彩色血流信号。但是当分隔较多较厚，且血流较丰富时，与恶性肿瘤很难鉴别。

（2）功能性囊肿中，黄体囊肿最常见，多数在月经第5~7天或中孕期吸收消失。但黄体囊肿的超声表现多种多样，也可呈无回声、低回声或中高回声。

（3）恶性肿瘤，其典型超声表现为混合性占位，囊性与实性交杂，分不清边界，内部回声紊乱不均匀，囊壁厚而不规则，囊腔内有多个乳头状突起（≥4个），囊壁、分隔和实性突起内可见丰富彩色血流信号。

中高回声或者强回声

在超声图像中代表实性肿块。在良性肿瘤中，常见于成熟性畸胎瘤，内含毛发、皮脂、牙齿或骨组织等，呈现高回声或强回声，无明显彩色血流信号。而恶性肿瘤多以实性为主，也会呈现类似回声，但内部彩色血流丰富。

温馨提示

卵巢肿瘤种类繁多，常有同病异像，同像异病，仅凭超声很难对卵巢肿瘤的具体病理类型做出诊断。超声检查的目的首先是检出肿瘤，根据大小、形态、结构及彩色血流等表现提示病变的良性倾向或者恶性倾向，为临床进一步诊断和治疗提供依据。

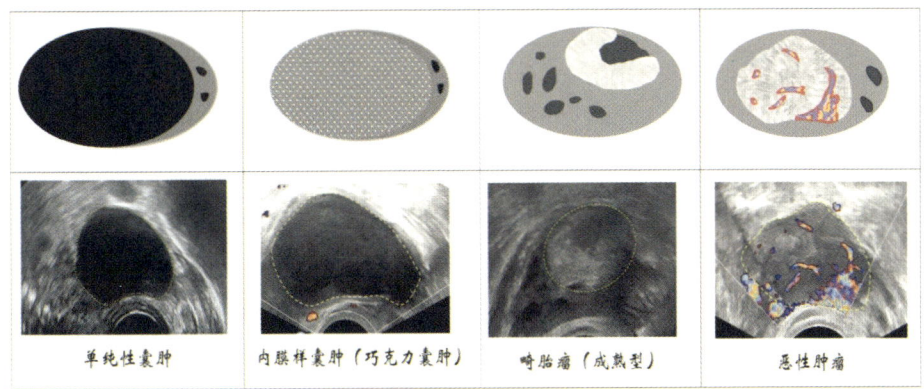

图 142 卵巢肿瘤类型

（插图：王怡婷）

（朱晨　任芸芸）

我是不是卵巢功能早衰了？
看超声如何监测卵巢功能

案例1

小王，35岁，项目经理，平时工作繁忙，压力大，经常熬夜，近两年月经不规律，近期夜间睡眠中大量出汗，她马上到医院就诊，医生给她做了相关检查，最终诊断是早发性卵巢功能不全。

案例2

小李，33岁，以往月经规律，1年前开始节食减肥，经过3个月瘦了40多斤，如今体重只有70多斤，但是随之半年都不来月经，她开始担心："我是不是生病啦？"经过一系列检查，医生怀疑她是卵巢功能早衰。

为什么两位女性都出现了月经失调呢？其实，都与卵巢功能异常相关。下面让我们来了解一下女性卵巢的故事。

每个正常的育龄女性有两个卵巢，主要功能为产生卵子和分泌女性激素。每个月卵巢会募集3~11个窦状卵泡，一般选择1个卵泡发育成熟。随着年龄的增长，女性的卵巢功能逐渐减退，以卵泡数量减少和卵子质量下降为基础，90%的正常女性绝经发生于45~55岁。当女性40岁以前出现闭经、促性腺激素水平升高（FSH＞40 U/L）和雌激素水平降低，并伴有不同程度的围绝经期症状，即为卵巢功能早衰。

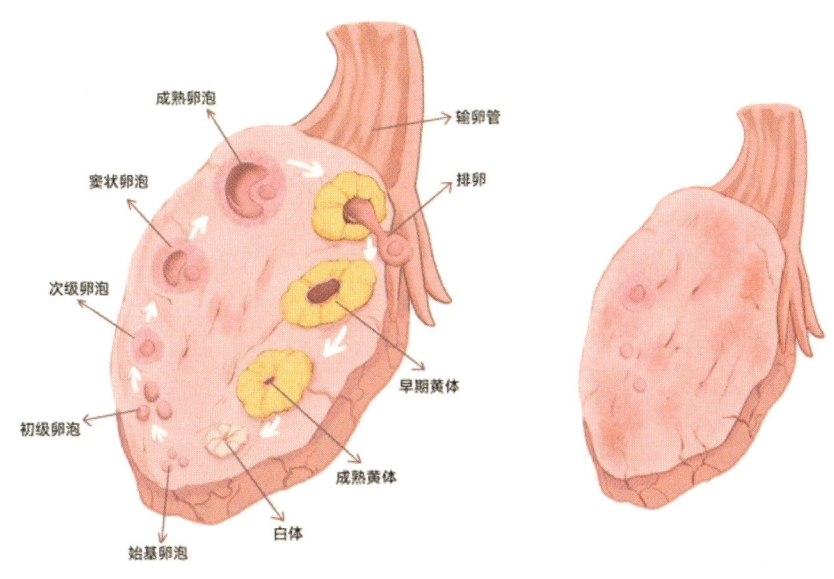

图143　卵巢功能正常　　　　　图144　卵巢功能不全

卵巢功能早衰的发生率高达3.7%，常见病因有遗传、免疫、感染、医源性和环境因素等，但半数以上的患者病因不明确。卵巢功能减退具有渐进性的特点，当患者出现月经失调和相关围绝经期症状（潮热、失眠、记忆力减退、烦躁等）时，可以及时到医院做相关检查，通过超声观察卵巢发育情况。

1. 窦状卵泡计数

一般选择月经第3~7天经阴道超声观察基础窦状卵泡的大小和数目，若基础窦状卵泡数目少于5~7个，可怀疑卵巢储备功能下降，若排除药物等其他因素影响，卵泡数目极少或未显示，则高度怀疑卵巢功能早衰。

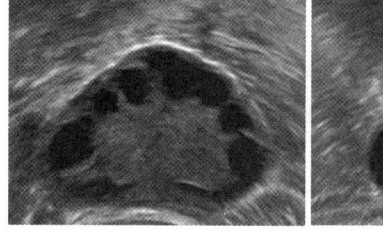

| 卵巢功能正常 | 卵巢功能减退 | 卵巢功能早衰 |

图 145　卵巢超声

2. 卵巢体积

正常育龄妇女的卵巢大小为 4 厘米 ×3 厘米 ×1 厘米，经阴道三维超声可以自动测量卵巢的体积。当卵巢储备功能降低时，卵巢体积逐渐减小。

3. 卵巢基质血流指数

通过经阴道三维能量多普勒超声，可以直观立体地观察卵巢内血管的分布，获取相关血流参数，定量评估卵巢内血流灌注情况，而卵巢功能是依赖于基质内丰富的血供。

4. 超声弹性成像观察卵巢纤维化程度

当卵巢储备功能降低，出现卵巢功能不全甚至卵巢功能衰竭时，卵巢基质逐渐纤维化，硬度增加，可以应用超声弹性成像技术对卵巢基质进行弹性分级，从而评估卵巢硬度。

总之，我们平时应健康饮食，规律运动，保持良好的情绪和充足的睡眠。卵巢功能减退具有渐进性的特点，提倡早期发现并及时进行治疗和干预。超声检查对于卵巢功能早衰的筛查和预防意义重大。

（插图：王怡婷）

（曹丽）

长不大的小泡泡
——带你了解多囊卵巢综合征

"医生，超声报告上写双侧卵巢见多个小卵泡，是什么意思啊？""医生，为什么这么多小卵泡都长不大呢？""医生，为什么我身上的毛那么多呀？"临床上因为月经失调或者不孕而被超声诊断为"卵巢见多个小卵泡"的患者不少，这些就是多囊卵巢综合征的表现之一。

什么是多囊卵巢综合征呢？

本文就带大家认识这种妇科比较常见的疾病。多囊卵巢综合征（Polycystic Ovarian Syndrome，PCOS）是指卵巢泡膜细胞良性增生引起雄激素生成过多，造成月经紊乱、持续排卵障碍、高雄激素血症、卵巢多囊样变等一系列表现的综合征。来门诊就诊的PCOS患者每年呈递增趋势，占生育年龄妇女的5%~10%，其临床特点一是排卵功能紊乱或丧失，月经几个月才来1次或干脆闭经，结婚后不孕；二是患者体内雄激素过多，表现为起痤疮，痤疮发生率在PCOS患者中达到60%，还可有毛发重，毛发分布有男性化倾向，患了这种病，40%~60%体重会超标，即使没有大吃大喝也会出现无法控制的肥胖，多为腹型肥胖。部分患者还可表现为双侧卵巢呈多囊样改变。

为什么会发生 PCOS 呢？

目前，PCOS 的发病原因还不清楚，推测它可能是基因与环境相互作用的结果。这类患者有一定的家族聚集性，很多患者的父亲有多毛、痤疮、脂溢性皮炎、早秃发生，母亲及姐妹则多有月经稀发、不孕的情况。环境因素如地域、营养和生活方式等也与 PCOS 有一定关系。

PCOS 会有哪些危害呢？

近期危害容易引起患者的注意，如月经的异常，特别是不孕，以及爱美女性关注的肥胖、痤疮及多毛等。

许多患者对 PCOS 的远期负面影响未能高度重视或重视不够，PCOS 患者有较高概率发生高脂血症、高血压、2 型糖尿病、心肌梗死、妊娠糖尿病、妊娠高血压疾病，甚至一些恶性病变，如子宫内膜癌等。由于 PCOS 患者体内往往存在胰岛素抵抗，对胰岛素作用不敏感，不仅限于糖代谢范围，同时存在脂代谢紊乱及血管病变倾向，影响生育年龄女性患者的生殖功能。即使妊娠后，同正常人群相比，妊娠糖尿病、妊娠高血压疾病的发生概率也明显升高。由于长期无排卵，卵巢持续分泌雌激素而无孕激素的拮抗，导致子宫内膜增生过长，久而久之可导致子宫内膜癌的发生。

如何诊断 PCOS？

由于 PCOS 临床表现高度多样化，如月经不规律、多毛、肥胖、高脂血症、高雄激素化的各种表现、多囊卵巢、胰岛素抵抗和不孕等，多数患者只突出表现为其中几种，表现有高度差异性，故诊断标准往往不统一。国内外专业人士一致认为PCOS的诊断应采取下列标准更合理。

（1）稀发排卵或无排卵；

（2）高雄激素的临床表现和（或）高雄激素血症；

（3）卵巢多囊性改变：一侧或双侧卵巢直径2~9毫米的卵泡≥12个，和（或）卵巢体积≥10毫升。

上述3条中符合2条，并排除了其他引起高雄激素的疾病如先天性肾上腺皮质增生、柯兴氏综合征、分泌雄激素的肿瘤等，可诊断为PCOS。

稀发排卵或无排卵：表现为初潮两年未建立规律月经或闭经（停经时间超过3个以往月经周期或月经周期≥6个月）或月经稀发（≥35天及每年≥3个月不排卵者）。

高雄激素的临床表现：指额、双颊、鼻及下颌等部位反复发生痤疮和（或）上唇、下颌、乳晕周围、下腹正中线等部位出现粗硬毛发。高雄激素血症指化验发现总睾酮、游离睾酮、游离睾酮指数高于正常参考值。

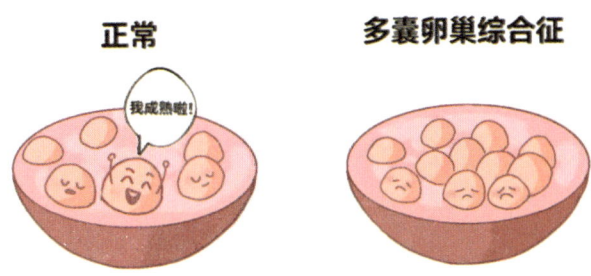

图146　多囊卵巢综合征

怀疑或诊断PCOS后一般要做哪些检查？

（1）性激素测定：包括卵泡刺激素（FSH）、黄体生成素（LH）、泌乳素（PRL）、雌二醇（E2）、雄激素（T）、孕激素（P）等，PCOS患者可以表现为睾酮（T）的升高，LH/FSH的比值异常升高以及PRL

轻度升高等；

（2）阴道超声检查：注意卵巢有无多囊样改变，有无卵巢肿瘤等；

（3）空腹血糖或口服糖耐量试验：特别对于肥胖患者，排除有无血糖的异常升高甚至糖尿病；

（4）胰岛素水平或胰岛素释放试验：结合血糖情况，判断有无胰岛素抵抗。

（插图：王怡婷）

（徐圣佳）

宫腔有占位，就是内膜癌吗？

没等上一位患者走出诊室门外，一位年轻苗条的姑娘就冲了进来。

"医生，请你帮我看看，我会不会得内膜癌啊？"

"有什么症状吗？"

"最近两个月'老朋友'一直滴滴答答不走，昨天公司体检说我子宫里有占位，我网上查了说是内膜癌，吓死人了。"

"来检查看看。"

这样类似的场景经常在超声科上演。宫腔有占位，并不一定都是内膜癌。普通民众谈癌色变，怎样早点发现子宫内膜癌呢？经阴道超声检查是筛查子宫内膜癌最简便有效的方法。本文带你了解什么情况下需要做超声检查来排除子宫内膜癌以及哪些超声表现可能提示子宫内膜癌，以便做到早诊断、早治疗。

哪些人需要定期行妇科超声检查？

（1）大于50岁的女性、绝经延迟（52岁以后绝经）或未生育者。

（2）患有肥胖、高血压、糖尿病、多囊卵巢综合征等内分泌代谢疾病者。

（3）使用外源性雌激素或者他莫昔芬者。

（4）有遗传相关因素或已有子宫内膜病变而需"保子宫"者。

前3类人群都增加了内或外源性雌激素对子宫内膜的刺激，使内膜增生和癌变的风险增加，需要超声定期监测子宫内膜的变化。对有卵巢癌、乳腺癌、子宫内膜癌等家族史的女性，要提高警惕，定期进行妇科超声检查。尤其有相关基因突变携带者或已有子宫内膜病变而需"保子宫"者需要在专业医生的指导下进行更频繁的超声监测和内膜活检。

图147 中老年女性要警惕子宫内膜疾病

哪些征兆需要尽快行妇科超声检查，排除子宫内膜癌？

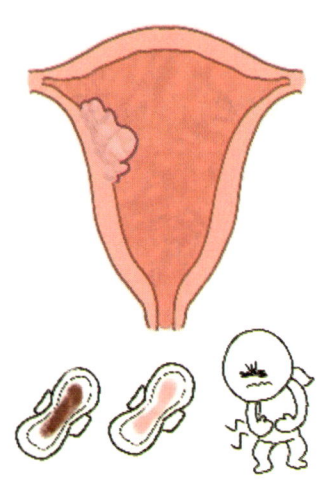

图148 子宫内膜疾病的表现

（1）阴道异常流血：尤其绝经后妇女出现阴道流血；未绝经者出现经量增多、经期延长、闭经、月经紊乱。

（2）阴道排液：血水样白带或伴有腥臭味。

（3）下腹痛：下腹胀痛或痉挛样疼痛。

以上为子宫内膜癌常见的表现，出现这些症状需要尽快去医院行妇科超声检查排除子宫内膜癌。

子宫内膜癌的超声表现有哪些？

（1）内膜增厚、不均。在子宫内膜癌早期，可仅表现为内膜的增厚和（或）不均。绝经后妇女，若内膜厚度大于4毫米，不论伴或不伴回声不均匀，都建议行诊断性刮宫或宫腔镜检查。未绝经者，若内膜厚度超过15毫米或回声不均，需在月经结束后（通常为月经结束后第5~7天）复查，若此时内膜厚度符合月经周期且回声均匀，可随访；若内膜还是厚且不均匀，需要行诊断性刮宫或宫腔镜检查。

（2）宫腔内实性占位：宫腔内占位是内膜癌最为常见的超声表现，明确诊断均需要行诊断性刮宫或宫腔镜检查。典型者表现为宫腔内占位长得"张牙舞爪"，超声报告一般描述为"低回声、形态不规则、内部回声不均匀、宫腔线不清晰、侵入肌层，彩色多普勒超声可见丰富的血流信号"。

专家评论

子宫内膜癌有典型的高发人群、临床表现，了解有关子宫内膜癌的几点知识，就可以根据自己的情况及时就诊，通过经阴道超声检查评估子宫内膜情况后进一步诊治，而不必惊慌失措、过分担心。

（插图：王怡婷）

（赵凡桂）

体检发现子宫肌瘤，我该怎么办？

随着人们的生活水平越来越高，大家对自己的身体健康情况也越来越重视。"我每天吃什么，怎么运动的，我自己心里清楚，没有人比我更了解自己的身体情况"，这样的话语已经成为过去式，定期体检才是真正了解自身健康状况的首选。妇科医生经常会遇到因为体检发现子宫肌瘤的女性到医院复查，所以如果体检发现子宫肌瘤，到底该怎么办呢？

首先，我们先了解子宫肌瘤是个什么样的病。子宫肌瘤是女性最常见的妇科良性肿瘤，恶变的概率非常低。虽然子宫肌瘤可能会有月经多、小腹痛的表现，但是大部分人都是没有任何感觉的，只是在体检的时候发现。

体检的时候，有两种常用的方法能检查出子宫肌瘤。一个检查是妇科触诊，简单来说就是妇科医生用手摸，凭手上感觉根据经验来判断，这种检查优点就是方便、便捷，缺点也显而易见，比较小的子宫肌瘤是没有办法靠手摸出来的。另一个检查就是超声，超声能够清晰地看到子宫肌瘤，哪怕很小的也能看到，然而缺点就是经阴道检查的话，患者可能会有点不太舒服。

体检发现了子宫肌瘤，接下来应该怎么做呢？

一般来说，体检的时候可能不会描述得很详细，所以，要去正规医院妇科检查，这时，妇科医生就会做触诊检查，然后医生会建议做一个超声检查，超生可以看到子宫肌瘤的大小、个数、位置以及变性情况，这些都会影响之后的治疗方法。

确诊了子宫肌瘤，接下来应该怎么处理呢？

绝大部分子宫肌瘤是不需要治疗的，定期超声检查看是否有变化就可以了。药物治疗大多用于术前控制症状、妊娠前缩小瘤体以及术后预防复发。

常规治疗子宫肌瘤的方法就是手术。那么什么情况下需要做手术呢？有以下 4 种情况：

第一种是有月经过多或异常出血导致贫血或其他器官压迫相关症状的患者；

第二种是子宫肌瘤合并不孕的患者；

第三种是对于准备妊娠前存在 ≥ 4 厘米肌瘤的患者；

第四种是绝经后未行激素补充治疗但肌瘤仍生长的患者。

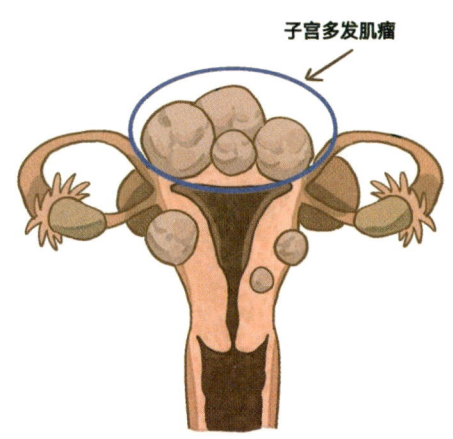

图 149　子宫多发肌瘤

另外还有一些新型的治疗方法，包括子宫肌瘤的动脉栓塞治疗、高强度聚焦超声消融治疗技术、射频消融术、微波消融术、冷冻治疗以及子宫热球治疗。

以上这些内容可以供大家参考了解，但是具体的治疗方案还是要根据妇科医生的专业判断来决定。

得了子宫肌瘤不要担心，不要焦虑，这不是什么大病，治疗方法也很多，按照妇科医生的建议，常规治疗就好了。

（插图：王怡婷）

（徐彬）

不识痛经真面目，只因"膜"在肌层中——子宫腺肌病

小花今年 26 岁，月经不规律和痛经伴随她多年，这几年逐渐加重，每次月经都要吃止痛药才稍有缓解，有时吃止痛药也无济于事。没有性生活史的小花肚子还无缘无故增大，让她日渐自卑。

曾几何时，多少人受不了大姨妈的"疼爱"，或默默地吃下止痛片，或萎靡不振、卧床不起，甚至是满地打滚。遇到痛经，各位女性同胞不要急着偏方调理，一定先来医院排查一种疾病——子宫腺肌病。很多人满脸疑问：什么是腺肌症？我的子宫变成什么样子了？它跟子宫肌瘤一样吗？我们为您解答。

子宫是孕育生命的"摇篮"，它就像一个房间，而子宫内膜就像房间内的墙壁涂料，这层涂料是周期性生长的，每个月脱落 1 次，形成月经，同时生长 1 次，让房间焕然一新。但有的房间，涂料会渗透到墙体里面，使得墙体变得弥漫性的厚薄不均，表面凹凸不平，这就形成了子宫腺肌病。如果腺肌症比较局限，局部就会长成瘤体样，就叫子宫腺肌瘤。这两者在临床上都很常见，患者常表现为月经量较多、痛经以及慢性盆腔痛。

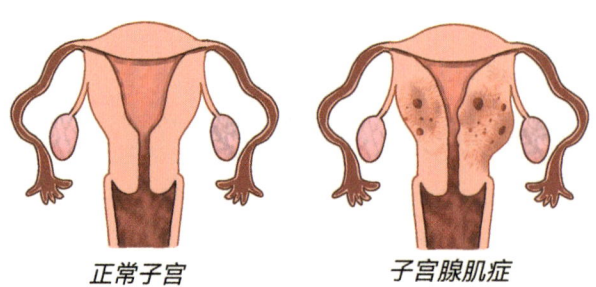

图 150 正常子宫及子宫腺肌病示意图

子宫腺肌病的超声表现多种多样,目前国际上对子宫腺肌病超声表现作出了最新定义,分为直接超声表现和间接超声表现。

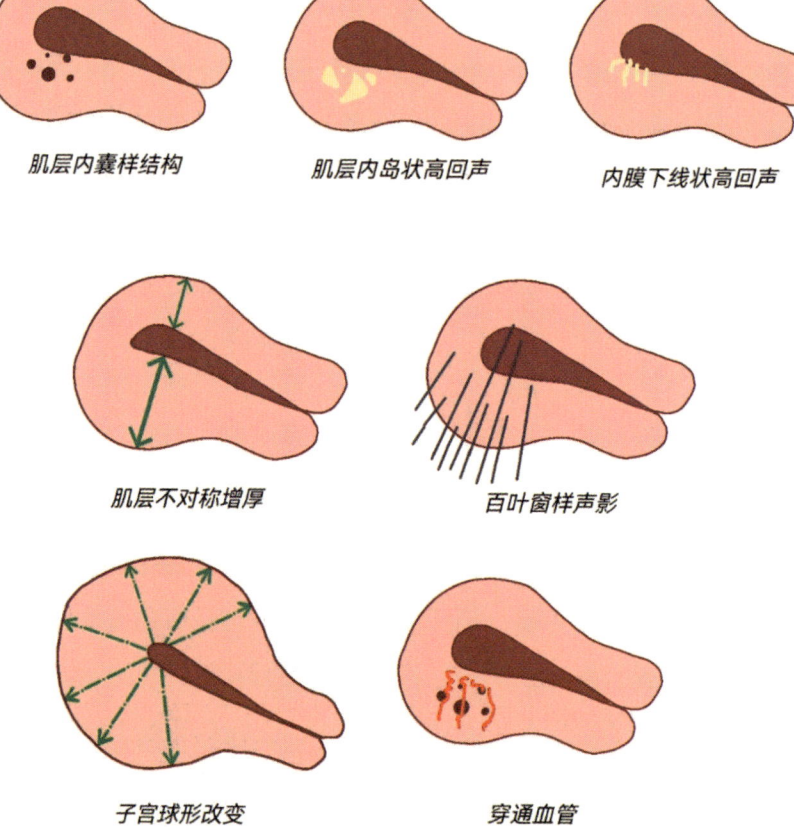

图 151 子宫腺肌病超声表现

直接超声表现有：①肌层内囊样结构，好比"涂料"渗透到墙体内，还鼓包了。②肌层内岛状高回声，"涂料"在墙体内干结了。③内膜下线状高回声，"涂料"在墙壁表面，星星点点的干结。

除此之外，还有一些腺肌症的表现不这么典型，不能让我们一眼识破。这就需要借助一些间接表现来进行诊断。间接超声表现有：肌层不对称增厚、百叶窗样声影，子宫球形改变、穿通血管等。

那腺肌症跟肌瘤一样吗？不一样，子宫肌瘤是子宫肌层本身的平滑肌增生形成的，可以长在子宫的任意位置，在超声表现上往往有明确的边界和占位表现。子宫肌瘤通常不影响健康，而子宫腺肌病通常会导致月经增多、经量增大、经期延长，还会导致不孕甚至流产，因此更应该引起重视。

在治疗上有保守观察、药物治疗、介入治疗以及手术治疗等，不论哪种方法都有其适用证和禁忌证，最优选择是及时就医，科学选择治疗方法。

（插图：王怡婷）

（刘芮）

No. 1656808

处方笺

儿科超声
热点问题

医师：＿＿＿＿＿＿＿＿＿＿

临床名医的心血之作……

超声专家聊健康热点

头颈超声

宝宝皮肤血管瘤，超声帮你来探查

很多宝宝出生后，身上都会出现一种红色的印记，宝爸宝妈们上网搜索，众说纷纭，有的人说是胎记，有的人则说是血管畸形，还有的人提到可能是血管瘤。听到"瘤"字，家长们更加惊慌失措。那这种红色印记到底是不是血管瘤，这时就可以请超声检查来帮忙了。

宝宝身上这种红色印记，叫作婴幼儿血管瘤，是来源于血管内皮细胞的先天性良性肿瘤，也是最常见的儿童良性肿瘤，一般出生后1周左右出现，可发生在身体的任何部位。

婴幼儿血管瘤大多数呈鲜红色、草莓状，隆起于皮肤表面，可明确诊断；有些一部分生长在表皮之下，呈小而浅的红色皮疹；而有些仅表现为皮肤淤青，甚至如米粒般大小，不易通过观察进行诊断。这种情况下，超声就可发挥极大的作用。应用超声技术，对皮疹所在区域的皮肤及皮下组织进行探查，可发现是否存在血管瘤组织，从而帮助诊断。因为另一种疾病毛细血管畸形也可表现为鲜红色皮疹或皮肤瘀青，仅凭肉眼不易于区分，而通过超声探查，毛细血管畸形未见明显瘤体组织，易于区分。

在临床工作中，经常会遇到一些家长带着皮肤上长了小红点的小宝宝来做超声检查，这些小红点表面看上去像是很小的皮疹，但超声检查其深部可发现体积为其十几甚至几十倍大的血管瘤组织。应用超声测量血管瘤的深度，探查血供情况，可以帮助临床医生制订治疗方案，为日后的治疗及随访提供重要的帮助。

位于躯干和四肢的血管瘤，如果瘤体不是很大，一般不影响健康，属于低风险血管瘤。而位于某些特殊部位的血管瘤，如眼周、口周、鼻周、咽喉部、骶尾部等，有可能会导致该处部位的器官功能障碍，因此属于高风险血管瘤。应用超声检查这些部位的血管瘤，测量其深部瘤体大小，可以检查其是否压迫到周围组织，如骶尾部的血管瘤是否侵入到椎管中，而引起脊髓栓系等。除了皮肤，血管瘤也可生长于内脏器官中，最常见的是肝脏血管瘤，因此必要时还需对肝脏进行超声扫查。

这里提到的婴幼儿血管瘤虽然属于良性肿瘤，然而血管瘤是包括婴幼儿血管瘤在内的一大类疾病的总称，其中较罕见的血管肉瘤、上皮样血管内皮瘤属于恶性肿瘤，尤其是6月龄以后出现的血管瘤，及早行超声检查，可帮助诊断及治疗。

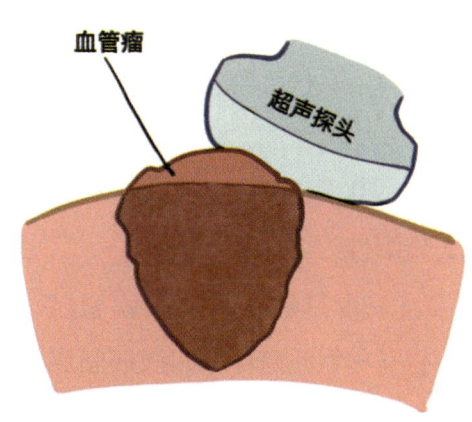

图 152　超声探查血管瘤

家长们这下应该了解了超声检查对血管瘤的重要性了吧，呈现在皮肤表面的血管瘤就好像冰山一角，冰面下的部分不可见也不可知，但是利用超声技术我们可以精确测量冰面下的"冰块"到底有多大，从而更好地进行诊断、治疗及随访。

（插图：王怡婷）

（具钊汝）

颈部有肿块，超声来相助

因为发现孩子脖子上长了个东西来看儿科门诊的家长络绎不绝。爸爸妈妈别着急，孩子颈部有肿块，超声医生来相助。

超声最有把握的颈部肿块莫过于囊性包块，表现为无回声，边界清晰，内未见彩色多普勒血流信号。那么常见囊性包块都有哪些呢？

（1）鳃裂囊肿"四兄弟"。属于先天畸形，从外上到内下斜线走位，老大喜欢在耳朵周边闹事，老二安家在下颌角下方，老三隐身于胸锁乳突肌前方，老四往往在胸锁关节附近出没。

（2）甲状舌管囊肿。与鳃裂囊肿不同，甲状舌管囊肿位于颈前区中线处，通常无症状。

（3）淋巴管瘤。属于淋巴管畸形，因淋巴回流堵塞或不畅形成。质软、无压痛，可压缩，透光试验阳性。

（4）皮样囊肿。有两个好发部位，一个是眉梢，与骨膜紧贴，张力高，深部颅骨可凹陷但无骨质破坏，一个是胸骨上凹浅筋膜层。

在颈部实性肿块中，最多见的莫过于淋巴结肿大，其病因繁多，超声对于淋巴结的定位和识别都不难，但最终诊断需要结合临床表现、病原学、组织取样等进行综合判断。

其他常见颈部实性肿块包括：

（1）脂肪瘤。表现为质软、边界不清且缓慢增大的肿块，可在颈部任何位置发生。超声表现为与脂肪组织回声相似的边界模糊的实性占位，彩色多普勒超声检查肿块内部血流信号不明显，如彩色多普勒血流信号增多往往提示脂肪肉瘤可能，此时应将其切除以排除这种侵袭性病变。

（2）钙化上皮瘤。儿童最常见的浅表肿块，也称毛母质瘤，良性，但有恶变可能。来源于毛母质，位于浅筋膜层，边界清，有包膜，当出现特征性的钙化时，超声易于诊断，没有钙化时超声难以定性。

（3）血管瘤。通常表现为红色或浅蓝色的可压缩质软肿块。超声表现为富血供的低回声、中等回声或混合回声。超声主要任务是初诊协助定性，治疗后动态监测血管瘤变化。

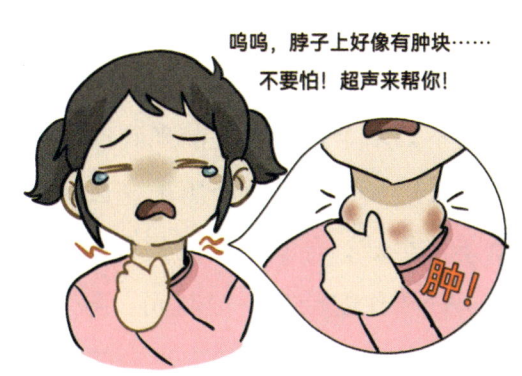

图153　超声探查颈部肿块

（4）肌性斜颈。常见于婴儿，多为单侧，双侧罕见。初诊多表现为一侧胸锁乳突肌局部膨大伴富血供改变。

温馨提示

对于无法定性的颈部实性肿块，必要时可以在超声定位下穿刺活检做出病理诊断。

（插图：王怡婷）

（张广超）

囟囟小脑袋，超声大世界

俗话说"十月怀胎，一朝分娩"，但是现实生活中很多"心急"宝宝不等十个月，就提前来到这个世界。

最近隔壁阿姨就经历了这么一件事情，她的儿媳妇受孕才30周就羊水早破，孙女小囟囟提前出生了。医生告诉她，囟囟属于早产儿，需要住院治疗一段时间，除了暖箱和其他早产儿医疗护理，作为早产儿最应该警惕颅内出血的发生。

超声诊断颅内出血靠什么来实现呢？

这是由超声波的影像成像原理和新生儿颅脑结构共同决定的，超声波经过各种不同的组织，由于声阻抗不同而形成明暗黑白交织的各种图像，即为超声影像；而某些特别的组织，比如骨骼，声阻抗率很高，以至于声波遇到骨骼，就不能继续传导下去，所以骨骼和其深部的组织的超声影像特别不清晰。但是对于新生儿而言，因为颅骨骨化还没有全部完成，囟门也没有完全闭合，所以可以把囟门作为声窗，用超声波来探测颅内结构，这可是新生儿得天独厚的优势哦！

新生儿颅脑超声探测可以通过前囟、后囟、颞囟、乳突囟四个声窗来完成。最常用的是前囟，前囟位于颅顶正中，以前囟作为

图 154　新生儿头颅超声声窗

声窗，可以清晰地显示脑中线及中线旁的结构，对于脑室旁出血的诊断效率一点都不亚于头颅核磁共振成像（Magnetic Resonance Imaging，MRI）和计算机断层成像（Computed Tomography，CT），且没有辐射，因此优势更为明显。

除了脑室旁出血之外，超声还能诊断很多新生儿颅内疾病，如脑积水、脑白质软化对小朋友的远期脑发育影响很大，如果不做规律的头颅超声检查，是很难发现的。除了这些，头颅超声能诊断的新生儿疾病还有很多，比如围生期窒息引起的新生儿缺氧缺血性脑病，感染引起的新生儿脑膜炎、脑炎等。

随着超声诊断技术的不断发展，除了平常见到的黑白图像、夹杂红蓝血管的彩色图像，越来越多的新花样走进我们的生活，比如三维成像、弹性成像等超声新技术也可以应用在新生儿的小脑袋上，让新生儿头颅超声发挥更大的作用。

这个下午，阿姨坐在医院办公室的椅子上，聚精会神听医生讲了这么多，她的神色由紧张慢慢转为放松，笑容重新回到了脸上。原来，孙女不仅可以免受 CT 辐射，而且有了超声，每周可以接受 1~3 次头颅检查，她的顾虑就消除了。

囡囡的小脑袋里，果然装着好大的世界！

（高燕燕）

不一样的卖萌——"歪头杀"

很多宝宝喜欢歪着头看人，忽然冲人一笑，简直能把人的心萌化。这就是网络上常说的"歪头杀"。但是如果宝宝的头老是长时间歪向一侧，并且在脖子中段摸到不动的硬疙瘩，宝爸宝妈们就一定要重视起来，需要带宝宝来医院检查一下胸锁乳突肌，看是否存在先天性肌性斜颈。

什么是先天性肌性斜颈？

先天性肌性斜颈是小儿常见的姿势畸形，发病率高达0.3%~0.5%，是由一侧胸锁乳突肌病变挛缩，导致患儿头部歪向患侧，下巴转向健侧，多发生在出生后2~3周，多数患儿有臀位产或产伤史。因颈部活动受限，逐渐出现两侧面部亦不对称，甚至颈椎还可能出现继发性畸形。

斜颈的最佳治疗时间在6个月之前，因此早发现、早诊断、早治疗尤其重要。如能早期诊断肌性斜颈，采取非手术疗法，80%的病例预后良好。

先天性肌性斜颈的症状有哪些？

（1）宝宝的头歪向一侧，下巴朝向另一侧肩膀；在平躺时，宝宝倾向总睡同一侧；而在坐位时，头就会固定转向一边。

（2）宝宝的颈部出现硬疙瘩，像是长了一个瘤，大小1~3厘米。

（3）大多数宝宝的脸部左右大小不对称。

（4）宝宝的颈部活动会受到限制。

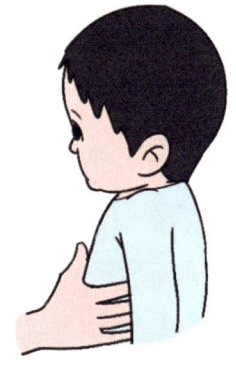

图 155　先天性肌性斜颈

需要做什么检查？

超声检查是新生儿斜颈的首选诊断方式，它可实时动态地清晰显示胸锁乳突肌图像，观察胸锁乳突肌的连续性及肿块的部位、大小、内部回声情况及比较两侧胸锁乳突肌的厚度，同时定位准确。

超声表现可分为以下 3 种类型。

（1）肿块型（肌性假瘤），可见患侧的胸锁乳头肌中段出现不均匀实质回声，呈梭形或椭圆形。

（2）肥厚型（弥漫性），可见患侧胸锁乳突肌较健侧增粗，肌内纹理增强增多，分布均匀。

（3）挛缩型，可见患侧胸锁乳突肌明显变细、回声增强，其纹理模糊，与颈前组织界限不清。

温馨提示

本病为先天性疾病,早诊断、早治疗是本病的防治关键。新生儿斜颈若治疗及时,可避免手术创伤,大部分患儿在6月龄以内可以通过推拿等手法治疗恢复、缓解症状,1岁以后单纯的常规手法治疗效果通常不佳,需要考虑综合治疗或手术治疗。宝爸宝妈们如果发现宝宝的头总是歪向一侧不动,一定要及时前往正规医疗机构就诊。

(梁婷)

胸腹部超声

宝宝听诊心脏有杂音,超声侦探帮您忙

早晨,年轻的宝妈刚把孩子放在检查床上,便焦急询问:"医生,医生,体检医生说我孩子心脏有杂音,要紧吗?"这是医生在日常门诊中经常碰到的事,许多宝宝在健康体检时听诊发现心脏有杂音,家长就会很焦虑,担心孩子是否有先天性心脏病。

先天性心脏病:室间隔缺损(视频)

正常人(视频)

那么心脏听诊有杂音,到底要不要紧,该怎么办?别急,让超声侦探来帮帮您。

什么是心脏杂音?

心脏是人体内泵血器官,正常心脏跳动时,随着心脏收缩、舒张,血液经过心腔及血管就像水管里的水流,有一定的声音。心脏杂音就是指上述正常心音外听到的额外心音。

心脏杂音，一定提示有问题吗？

当然不是！心脏杂音很常见，尤其在儿童期，一般可分为生理性杂音和病理性杂音。

（1）生理性杂音：无心脏器质性病变产生的心脏杂音，多见于儿童、青少年，或成人运动后以及发热中的患者，小儿因年龄小、胸壁薄、传导距离短，更易听到；

（2）病理性杂音：有心脏器质性病变如：房缺、室缺、心瓣膜病等血液出现分流或湍流时会形成杂音。

听到杂音，怎么办？

专科医生会根据杂音的特征，如部位、时期、性质、强度、传导方向等，并结合宝宝的日常健康状况和身体检查来综合分析，是否进一步进行心脏彩超检查。心脏彩超检查即心超，主要用来检查心脏形态学、血流动力学、室壁运动及心功能是否正常，为多种心脏疾病尤其是先天性心脏病的确诊提供依据。

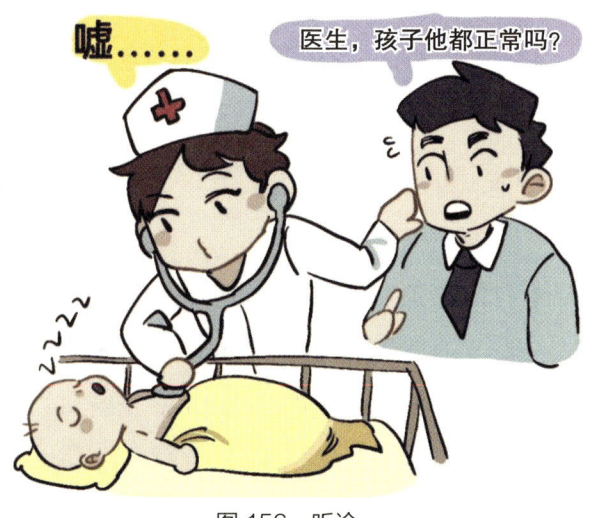

图156　听诊

心脏彩超有辐射吗?

心脏彩超是利用超声波检查心脏、大血管结构及功能的无创检查,没有辐射。

心脏彩超检查有什么要求?

穿宽松上衣,无需空腹,安静状况下能配合能医生检查即可。部分0~3岁的婴幼儿不能配合者,需镇静后方可检查。

温馨提示

孩子是全家的心头宝,家长要时刻关注孩子成长。心脏杂音很常见,如果宝宝健康状况良好,生长发育正常,无任何不适,运动能力好,通常属无害的生理性杂音,家长不必过分紧张,多数会随着年龄增大而消失;如果宝宝听诊3级及以上杂音,伴有呼吸频率增快、口唇青紫、喂养困难、生长迟缓,大孩子有疲劳感、体力和运动能力差、胸痛等表现,请及时就诊,在专科医师指导下及早进行治疗。

(插图:王怡婷)

(张志华)

"痛定思痛"
——孩子肚子痛，超声检查能发现啥？

"哎呀呀，我肚子疼。"欢欢皱着眉头喊道。

"你这孩子最近三天两头说肚子疼，妈妈带你去医院看看吧，别得了什么病。"当天妈妈就带着欢欢来到儿科医院就诊，医生询问病史后摸了摸孩子的肚子，发现欢欢说不清楚哪里疼，好像压哪儿都有点疼。随后医生便开了超声检查单。

"孩子肚子疼是什么原因呀？为何要做这么多项目？"进入超声诊室后，欢欢妈妈疑惑道。

超声医生边检查边耐心解释道："肝脾胆胰属于消化系统，发育畸形、炎症、异物和外伤都会导致腹痛，比如肝内胆管炎、胆结石、先天性胆管扩张，胰腺炎等；肾输尿管膀胱属于泌尿系统，发育畸形、积水、结石也会肚子痛；至于上腹部肿块、后腹膜、右下腹及盆腔这些项目主要是排除肠套叠、阑尾炎、肿瘤等。"

"啊！那我女儿肚子里有没有问题啊？"欢欢妈妈焦急打断道。

"没有，您不要着急。我刚刚看了，欢欢目前没有那些病，但有几个小的腹腔淋巴结。"

"那淋巴结严重吗？和肿瘤有关吗？"

"有几个小的腹腔淋巴结很常见,是因为孩子免疫系统尚未发育成熟导致的。"

"哦,那子宫和附件又是查什么呢?孩子还没有发育呢。"

"虽然您孩子还没有性发育,但生殖器官也可能有异常,比如先天畸形、卵巢囊肿等,尤其卵巢扭转,需要尽快处理,否则后果严重。"

"哦,那既然查出来没什么,为何孩子会时不时肚子疼?"

"大部分孩子都是功能性腹痛,我刚刚发现欢欢肚子胀气比较厉害,盆腔里也有粪块堆积,这都可能导致肠痉挛,表现为肚子一阵一阵地疼,时有时无,也没有固定疼痛位置。"

"妈妈,我就是这样的,我已经三天没有大便了。"此时欢欢突然说道。

"医生,谢谢您,以后孩子再肚子疼,我就有思路了!"

孩子急腹症常见病因及临床特征:

(1)肠套叠:4月~2岁龄婴幼儿常见,阵发性哭闹,右侧腹包块,呕吐,可有果酱样大便;

(2)阑尾炎:2岁后常见,转移性右下腹痛,持续腹痛伴发热,身体喜前屈;

图 157 儿童超声检查

（3）肝内胆管炎：右上腹痛，进食后呕吐但无腹泻，往往伴发热；

（4）胃肠炎：胃部或脐部附近腹痛，呕吐，腹泻，可伴发热；

（5）嵌顿疝：腹股沟处隆起包块，无法回纳，呕吐，腹胀。

温馨提示

孩子肚子痛问题可大可小，超声主要筛查器质性疾病，建议以往或者短期内没有接受超声检查的儿童进行全面检查，没有问题皆大欢喜，有问题及时处理；短期内检查过，腹痛时没有固定压痛点的孩子，可在家先排便观察，清淡饮食，如无法缓解请及时就医。

（插图：王怡婷）

（何丽莉）

宝宝屁股不对称，超声检查探究竟

"医生，我们宝宝的屁股两边不一样，要不要紧啊？""医生，今天体检的时候医生说我们家宝宝两边屁股不对称，怎么办啊？"随着婴儿社区医院定期体检的普及，上述对话越来越多地发生在各大儿童医院的超声检查诊室。日常生活中，很多家长也会观察到自己宝宝的大腿以及屁股的样子和别的宝宝有些不太一样，那么宝宝屁股到底发生了什么呢？超声检查又能够给宝宝提供什么帮助呢？

首先在宝宝出生后的定期体检中，儿保科医生都会检查宝宝双腿的长度、臀部和大腿处以及肛门周围的皮肤褶皱形状，如果出现了双腿长短不一样或者褶皱形状的异常，那么提示宝宝是不是存在发育性髋关节脱位这个疾病。发育性髋关节脱位是儿童最常见的髋关节疾病，如果治疗不及时，对儿童健康会有非常大的影响，可能会出现步态异常、双腿不等长、并发关节炎等。所以能够早期发现并诊断这个疾病，从而及时地对宝宝进行医疗干预，就显得尤为重要了。

但是体检时的体格检查，只是初步筛查，这时候发现宝宝屁股不对称，是对医生的一种提示，并不能准确诊断宝宝是否存在发育性髋关节脱位。超声检查作为一种无创伤的非侵入性检查技术，不仅快捷方便,实时无痛,相比 X 线检查,又没有电离辐射这些顾虑,所以对于 6 个月龄以内需要检查髋关节发育情况的宝宝,超声检查基本是首选。

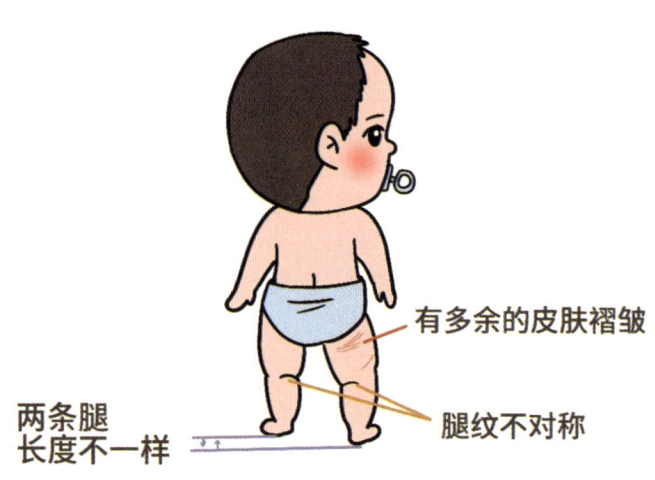

图 158　髋关节发育不良

超声医生在检查宝宝髋关节时,会将检查的探头轻轻地放在宝宝两边屁股的侧面,转动探头来观察宝宝髋关节的形态,并且测量特定的角度,而此时宝宝只需要放松地躺在床上,并不需要特别的准备工作,十分方便。

在日常工作中,超声检查发现绝大多数的宝宝髋关节发育情况都是良好的,早产儿宝宝可能髋关节角度暂时不合格,但是随着宝宝的长大,后续随访时多数都会发育正常。有些宝宝屁股不对称可能只是身上肉肉比较多,或者分布不太对称的原因。但是也有少部分宝宝,确实会发现髋关节发育的情况不是很好,那么就可以及时进行诊断,骨科医生可以及时进行干预治疗,从而帮助宝宝恢复健康。

因为超声波在通过脂肪或者骨头等结构时会发生衰减,所以如果宝宝身上的肉肉比较多,或者月龄超过 6 个月,那么超声波检查髋关节可能就会受到影响,这个时候宝宝就要通过 X 线摄片来检查了。

所以家长们在听到医生说宝宝屁股不对称,或者自己在家发现这种情况时,不要紧张害怕,尽快到儿童专科医院就诊,给宝宝进行髋关节超声检查,让超声医生帮助您。

(殷博)

肌骨超声

孩子腿痛惹人忧，超声清晰显病因

"妈妈，我腿好疼，好像没法走路了！"一大早，7岁的明明就一瘸一拐地哭了起来。妈妈赶紧带着明明赶往医院求医。

到了医院，医生进行了体格检查，发现左侧的髋关节不能正常弯曲了，一弯腿，明明就痛得直哭。医生一边安慰母子二人，一边给明明开出了血常规和膝关节X线检查。不过，血常规和膝关节X线检查结果都是正常的。医生一边记录着病史，一边和妈妈解释："现在，我们还需要了解一下髋关节的情况，不过因为孩子小，X线对孩子的生殖器官有影响，所以我们需要进行超声检查，超声无辐射，不会对孩子造成伤害，但是可以明确发现髋关节的病变，还可以和一些风湿病、骨科病进行鉴别。"

"超声还能看腿疼？不是看肝、肾、乳腺的检查吗？"妈妈将信将疑，但还是赶到了超声科检查室。到了检查室，医生给明明仔细进行了双侧的髋关节超声检查，并指给妈妈看图像："明明的右髋关节里面滑膜增厚了，还出现了一些积液，有7毫米深。这个病啊，叫暂时性滑膜炎，之所以叫这个名字，就是因为髋关节内的滑膜突然增厚了，然后还会分泌过量的液体，临床表现就是会影响关节的活动，还会感觉特别疼。它一般都是单侧的，但有时候也会有孩子是双侧发病。"

"原来是这样,医生,这个暂时性滑膜炎的病因是什么呢?"

医生没有回答,先问了妈妈:"明明最近两周内,是不是有过感冒啊?"

妈妈说明明两周前有点低热和咳嗽,不过没吃药就自己好了。

"这就是了,这个病啊,它也没什么明确的病因,但是很容易在病毒或者某些细菌感染以后发作。"

"那这病能治好吗?不会留什么后遗症吧?"妈妈脱口而出。

"你放心,这个病,过几天,大部分都可以自己好转,回家以后就好好休息,尽量不要走动。"

妈妈带着明明回到家,躺床上休息了3天,症状果然减轻了不少。再过了1周,明明又和从前一样,恢复了能跑能跳的活泼样子。

"妈妈,超声波好神奇,还能知道我得了什么病。我长大了也想做医生。"明明蹦蹦跳跳到妈妈身边撒娇。

妈妈微笑着摸着明明的头说:"好啊,那你可要好好学习哦!"

"嗯!"明明抬起头看着妈妈,认真地点了点头。

图 159　肌骨超声检查

(插图:王怡婷)

(张源)

小朋友长得高是好事吗？

小朋友们长高是好事，但是长得过快、过猛就不一定喽，这时需要警惕儿童性早熟。

什么是儿童性早熟呢？

指女孩8岁、男孩9岁以前出现第二性征。女孩表现为乳房早发育、阴毛早现和早初潮等，男孩表现为睾丸长大、阴茎增长、出现阴毛等。

哪些因素可以引起性早熟呢？

常见于不良饮食习惯、环境污染、含有激素的食物、盲目进补、信息高度发达的社会影响等。

性早熟有哪些危害？

性早熟对孩子最大的危害就是影响成人期最终身高，过早的性发育带来了身高的快速增长，同时也使骨骺过早地融合，骨骺线一旦闭合，就没有继续长高的空间了，最终使其成年后的身高比一般人矮。

性早熟还可能引起一些心理问题，过早的性发育加重了孩子的心理负担，从而产生自卑等负面情绪，使学习兴趣和学习成绩下降，并对心理健康产生长久的不良影响。

性早熟还可能导致性行为提前。还有研究显示，性早熟与成年后健康也存在关联，可能会增加肥胖、高血压、2型糖尿病、肿瘤等疾病的风险。

图160　小心儿童性早熟

超声怎样观察性早熟？

应用超声观察女童的子宫、卵巢、乳房及男童的睾丸，可作为性早熟的一个主要的辅助诊断方法。

（1）正常儿童乳腺发育初始于8~13岁，平均年龄11岁，其发育成熟持续2~4年。8岁前为早熟，乳腺超声检查表现为乳腺提前发育，乳头后方出现腺体组织。

（2）女童性早熟：①彩超显示子宫体积增大，长度>3.5厘米、内膜出现、体颈屈曲变化、体颈比例增加（>1.5~2:1）；②卵巢彩色多普勒超声检查显示性早熟女孩单侧卵巢容积≥1~3毫升，并可见多个（数目单侧达2~3个以上）直径≥4毫米的卵泡，卵巢的容积大小可以采用公式（0.523×长径×宽径×后径）计算。

（3）男童性早熟：相对关注较少，主要观察睾丸大小。阴囊彩色多普勒超声检查显示性早熟男孩睾丸长度>2.5厘米，睾丸容积>4毫升（容积计算公式参照卵巢容积计算公式）。

此外，超声检查可评估性早熟患儿临床治疗的效果。通常，性早熟患儿在临床用药3个月后进行常规经腹壁超声检查，再次观察子宫及卵巢情况，如子宫及卵巢容积较前缩小或无明显增大，则提示治疗有效。

综上，应用超声检查可作为性早熟的一个重要辅助诊断方法，但仅凭超声结果不能作为性早熟的诊断依据，还需结合性激素、骨龄等多方面的辅助检查。

（李亚男）

生殖系统超声

小"蛋蛋"迷路怎么办？超声检查很重要

"医生，给宝宝洗澡的时候突然发现蛋蛋有一边摸不到，怎么办？"

"医生，我家宝宝两边"蛋蛋"都摸不到，是不是出生的时候没发育好呢？"

正常情况下，两颗睾丸位于双侧阴囊内，一般外科医生检查时可以用手摸到，家长在家给小朋友洗澡时，也能摸到，但新手爸妈有时会发现宝宝的阴囊内摸不到"小蛋蛋"，或有时只能摸到一侧"小蛋蛋"。这种阴囊内没有睾丸或只有一侧睾丸的情况，我们称之为"隐睾"，又称睾丸下降不全，是指婴儿出生后睾丸未能按照正常的发育过程下降到阴囊内，一侧或双侧阴囊内空虚，睾丸不在阴囊内，也摸不到睾丸；随年龄增大，仍未正常降入阴囊，属于睾丸先天发育不良。

隐睾多见于单侧，右侧发生率高于左侧，小儿隐睾对孩子的生理和心理影响很大，若不及时治疗，极可能影响宝宝成人后的生育及造成心理伤害。如果出现这种情况，家长一定要引起重视，因为睾丸需要在较人体内温度更低的环境下才能正常生长发育，发挥正常功能，如若发生隐睾，长期可影响睾丸正常生长发育，甚至出现睾丸肿瘤。因此，早期发现、早期干预对于患有隐睾的小朋友以后的生长发育都有很积极的意义。

超声检查就是此时的首选检查方法。通过超声检查，可以找到大部分隐睾的具体位置，大部分迷路的睾丸都可以在小朋友的双侧腹股沟区找到，如果经验丰富的超声医师在腹股沟区也找不到睾丸，就需要扩大范围，到腹腔里找找了。因为还有一小部分睾丸位于腹腔内，位置偏高的睾丸一般会比位于阴囊内的正常睾丸发育稍差，体积更小。超声除了能替我们找到大部分迷路的睾丸之外，还能帮助临床医生从睾丸的大小、形态、质地以及血流情况等方面综合分析，评估隐睾的发育情况。

一旦发现隐睾，需要尽快完善超声检查，明确双侧睾丸的具体位置，建议在小朋友1周岁之前，并尽量不超过18月龄完成手术，将双侧睾丸降至正常位置，在术后还需要定期做超声检查了解隐睾的发育情况。

（高文会）

"蛋蛋"的忧伤

日常生活中，一些细心的宝爸宝妈突然发现宝宝的"蛋蛋"一大一小，还有一些宝宝一侧摸不到"蛋蛋"，这是怎么回事呢？这可把宝爸宝妈们着急坏了。别急，今天我们一起来了解一下"蛋蛋"。

"蛋蛋"，医学上称为睾丸，是雄性生殖器官的一部分，从青春期发育到老年期，是精子的生产工厂，同时分泌雄性激素维持着雄性第二性征。

正常的"蛋蛋"有多大？

"蛋蛋"的大小与发育及年龄有关，儿童的"蛋蛋"相对较小，成年人的"蛋蛋"相对较大。0~6岁，睾丸长12~20毫米，厚10~12毫米；正常成人的长35~45毫米，厚10~20毫米，每个睾丸重10~15克，大概相当于一个鹌鹑蛋那么重。

"蛋蛋"外面看是一个小小的皮囊（阴囊），其实里面有两个小球。这两个小球并不一样大，呈稍扁的椭圆状，通常是一个略大点儿，一个略小点儿，阴囊挂在阴茎根部两侧的下方。

有正常的"蛋蛋"，那一定有不正常的"蛋蛋"喽！

超重的"蛋蛋"

一般而言,"蛋蛋"大小有轻微差别属于正常情况。一般摸起来,几乎感觉不到有大小差别。种族、体型等个体原因,会导致每个人的"蛋蛋"大小略有差别;但是如果你的"蛋蛋"实在太大,可不是什么好事儿。

数量异常的"蛋蛋"

天生只有一颗"蛋蛋"的人少之又少,如果发现只有一个"蛋蛋",或者没有"蛋蛋",多半是隐睾。

隐睾是由于胎儿时期,蛋蛋在下降的过程中卡住了,未降落到阴囊,一侧或双侧阴囊内空虚,睾丸不在阴囊内,随年龄增大,仍未正常降入阴囊。

隐睾属于睾丸先天发育不良,越早治疗越好,时间长了可能引起无法扭转的并发症,影响宝宝成人后的生育及造成心理伤害。

多了个"蛋蛋"

要是摸到多余的肉球,它有可能只是多睾症,也很有可能是睾丸囊肿、附睾囊肿、睾丸鞘膜积液或者腹股沟疝。就算这颗"蛋"的确是睾丸,最好也要及时摘除,因为多出来的"蛋蛋"极少能正常发育,长期异位存在并萎缩的睾丸也很有可能发生恶变,形成肿瘤。

敏感又脆弱的"蛋蛋"

"蛋蛋"负责的工作非常精细重要,同时也极度敏感。天气热的时候,"蛋蛋"会下垂。天气冷的时候,"蛋蛋"又会收缩到贴近身体的地方。在过于寒冷、过于炎热的环境中,"蛋蛋"的正常功能难以发挥,对于性生活和受孕都有极大影响。此外,蛋蛋位于体外,容易受很多外力因素影响,比如撞击、内裤摩擦等。

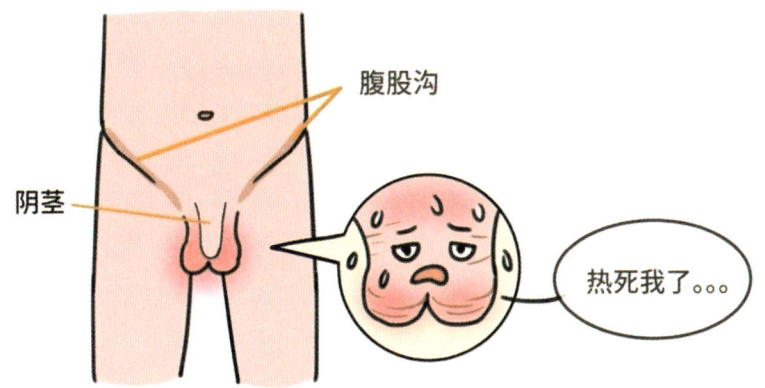

图 161　在过热的环境中,睾丸的正常功能难以发挥

如何爱护"蛋蛋"?

"蛋蛋"必须在低于体温的情况下才能产生正常健康的精子,所以要尽量避免局部高温!注意以下几点:①不要长时间热水浴,尽量避免坐浴;②选择宽松的衣服,拒绝紧身裤;③改掉一些坏习惯,如把电脑放在大腿上,时间久了电脑的热度也有可能会伤害到"蛋蛋";④外出运动踢球,注意保护"蛋蛋"。

专家提醒

如果发现宝宝两个阴囊不对称、大小不一,不可大意,一定记得要带宝宝去医院做个检查,及时找专科医生诊治,避免影响宝宝的健康成长;男士们在日常生活中也要注意保护"蛋蛋",其中很重要的一点就是避免局部高温!

(陈琦)

男孩也有难言之隐，超声帮你一锤定音

小明今年 13 岁，这天洗漱完毕正准备入睡，突然感觉下体传来一阵疼痛，本想忍一忍就过去了，正值青春期的小明也不好意思向父母表明自己的"难言之隐"，谁知道疼痛一直持续不断，好像还在逐渐加重，实在忍不住了，脱开裤子一看，左侧阴囊皮肤已经比右侧红了不少，感觉也肿了起来。这下小明慌了，赶紧叫来父母，爸爸一看发觉了不对劲，马上带小明到医院急诊就诊。在急诊医生初步检查后，又进行了超声检查，这才明白了导致疼痛的是一种叫睾丸附件扭转的疾病，在与医生沟通后决定进行口服消炎药物的处理，并于 1 周后复查。

什么是阴囊急症？

所谓的阴囊急症，主要的表现是小朋友的阴囊出现红肿、疼痛的情况。有些青少年因为害羞心理而不说；有些小朋友描述不准确，只说腹痛；有些婴幼儿也表现为持续哭闹，家长在这些情况下，都应注意小朋友的阴囊有无红肿。

阴囊红肿是由哪些疾病引起的呢？

根据不同的原因，可能的疾病有阴囊外伤、睾丸扭转、睾丸附件扭转、附睾炎以及鞘膜积液等。

其中有哪些是需要尽快处理的呢？

首先阴囊外伤会有明确的外伤史，一般不会延误治疗。

其次在这些疾病中最严重的就是睾丸扭转了。睾丸扭转最明显的症状就是扭转一侧的阴囊明显变红、肿大、发热、疼痛等，好发于新生儿时期和青春期，但其他年龄段也有发病，有些在睡眠和剧烈运动时发生，有些也并没有明显的诱因。睾丸扭转8小时之内处理，切除率较低，当然也与扭转的角度多少有关。

因此，家长需要注重平日与孩子的沟通，避免青春期的小朋友因为心里别扭不好意思，最终导致延误病情。在婴幼儿长时间持续哭闹时，家长也应多加注意阴囊是否有红肿的情况。

发现了阴囊红肿要怎么办呢？

发现小朋友阴囊出现急症症状以后要尽快就医，急诊医生给小朋友查体以后会确认是否真的有问题，在怀疑有问题的情况下就需要超声医生的帮忙啦。这时候就需要小朋友完成一个阴囊部位的超声检查，来明确到底是哪里出了问题。

超声如何帮助患儿诊断呢？需要提前准备什么？

检查一般不需要家长提前准备，只需要患儿做检查的时候安静配合医生就可以了，必要的时候需要采取镇静措施，以保证检查结果的准确。

因为睾丸扭转、睾丸附件扭转、附睾炎症的症状都是阴囊的红肿疼痛、拒按等，所以超声检查的结果对急诊医生最终的诊断有很大的帮助。最重要的是，可以通过超声检查来排除睾丸扭转，同时明确患儿是否存在睾丸附件扭转、附睾炎等问题。然后急诊医生根据超声以及其他检验结果就可以对小朋友的毛病对症下药啦！

总之，在小朋友出现阴囊急症的情况下；尽早地发现和尽快地处理，在关键时刻真的很重要。当然家长也不需要太过焦虑，毕竟睾丸扭转在阴囊急症中只占很小的比例，大多数情况下仅仅是轻微的炎症而已，在具体的临床治疗过程中，家长还是需要多听取急诊医生的病情讲解。

（插图：王怡婷）

（刘源鑫　何丽莉）